SAMMLUNG GÖSCHEN BAND 443

DAS TIERREICH

Redigiert von H. v. Lengerken

IV/1

KREBSE

von

DR. HANS-ECKHARD GRUNER

unter Mitarbeit von

DR. KURT DECKERT

Mit 43 Abbildungen

WALTER DE GRUYTER & CO.

vormals G. J. Göschen'sche Verlagshandlung · J. Guttentag, Verlagsbuchhandlung · Georg Reimer Karl J. Trübner · Veit & Comp.

BERLIN 1956

Archiv-Nr. 11 04 43
Satz und Druck: Saladruck, Berlin N 65
Printed in Germany

DAS TIERREICH
IN DER SAMMLUNG GÖSCHEN

ist wie folgt gegliedert:

Bd. I. Einzeller.

Bd. II. Schwämme und Hohltiere.

Bd. III. Plattwürmer, Hohlwürmer, Kamptozoen, Schnurwürmer, Ringelwürmer, Protracheaten, Bärtierchen und Zungenwürmer.

Bd. IV. 1. Gliederfüßler: Krebse.

Bd. IV. 2. Gliederfüßler: Trilobitomorphen, Fühlerlose und Tracheenatmer: Tausendfüßler.

Bd. IV. 3. Gliederfüßler: Insekten.

Bd. V. Weichtiere.

Bd. VI. Stachelhäuter, Tentakulaten, Binnenatmer und Pfeilwürmer.

Bd. VII. 1. Chordatiere: Manteltiere, Schädellose, Rundmäuler.

Bd. VII. 2. Chordatiere: Fische.

Bd. VII. 3. Chordatiere: Lurche.

Bd. VII. 4. Chordatiere: Kriechtiere.

Bd. VII. 5. Chordatiere: Vögel.

Bd. VII. 6. Chordatiere: Säugetiere.

STÄMME DES TIERREICHES

1. Urtiere *(Protozoa)*
2. Schwämme *(Spongia)*
3. Hohltiere *(Coelenterata)*
4. Plattwürmer *(Plathelminthes)*
5. Hohlwürmer *(Aschelminthes)*
6. Schnurwürmer *(Nemertini)*
7. Kamptozoen *(Kamptozoa, Entoprocta)*
8. Ringelwürmer *(Annelida)*
9. Protracheaten *(Protracheata, Onychophora)*
10. Bärtierchen *(Tardigrada)*
11. Zungenwürmer *(Linguatulida)*
12. Gliederfüßler *(Arthropoda)*
13. Weichtiere *(Mollusca)*
14. Stachelhäuter *(Echinodermata)*
15. Tentakulaten *(Tentaculata)*, Hufeisenwürmer *(Phoronidea)*, Moostierchen *(Bryozoa)* und Armfüßler *(Brachiopoda)*
16. Binnenatmer *(Enteropneusta)*
17. Pfeilwürmer *(Chaetognatha)*
18. Chordatiere *(Chordata)*

INHALT

von Bd. IV/1

EINLEITUNG[1])

12. Stamm Gliederfüßler *(Arthropoda).*

	1. Krebse *(Branchiata, Crustacea).*
Bd. IV/2	2. Trilobitomorphen *(Trilobitomorpha).*
	3. Fühlerlose *(Chelicerata).*
	4.[2]) Tracheenatmer *(Tracheata, Antennata).*
	Klasse Tausendfüßler *(Myriopoda).*
Bd. IV/3	Klasse Insekten *(Insecta, Hexapoda).*

12. STAMM

GLIEDERFÜSSLER *(Arthropoda)*[3])

Der Stamm der Gliederfüßler ist der artenreichste des ganzen Tierreiches. Er umfaßt die Unterstämme: Krebse, Trilobitomorphen, Fühlerlose (mit den Merostomen, Spinnentieren und Pantopoden oder Asselspinnen) und Tracheenatmer (mit den Tausendfüßlern und Insekten). Die Gliederfüßler sind gekennzeichnet durch paarige, gegliederte Extremitäten. Da die Mundwerkzeuge und Antennen (Fühler) umgebildete Extremitäten darstellen, treten auch diese paarig und gegliedert auf. Die Beine denkt man sich als von den Parapodien (Stummelfüßen) der Ringelwürmer abgeleitet, die als Ahnen der Arthropoden in Frage kommen. Der Körper ist äußerlich meist ungleichartig (heteronom) geringelt als Anklang an die Ringelwürmer. Die vorderen Segmente sind zum Kopf (Caput) verschmolzen. Als weitere Körperregionen können Brust (Thorax) und Hinterleib (Abdomen) ausgebildet sein wie z. B. bei den Insekten. Die drei genannten Körper-

1) Verfaßt von H. v. Lengerken.
2) 1—4 Unterstämme.
3) von gr. *árthron* Gelenk.

abschnitte können ihrerseits wieder in verschiedener Weise verschmelzen. Der Körper wird von einem chitinigen Außenskelett umhüllt, das aus Spangen besteht, die durch Gelenkhäute verbunden sind. Dieser wenig dehnbare Hautpanzer muß während der Zeit des Körperwachstums von Zeit zu Zeit abgestreift werden (Häutungen). Die Muskeln setzen auf der Innenseite des Hautskelettes an. Das Bauchmark ist ein Strickleiternervensystem mit Ober- und Unterschlundganglion, Schlundring und Bauchganglienkette ähnlich wie bei den Anneliden. Fazetten- oder Komplexaugen sind häufig. Das offene Blutgefäßsystem besteht meist nur aus einem rückenständigen, oft röhrenförmigen Herzen, an das sich seltener Gefäße anschließen (z. B. Flußkrebs). Der Verdauungskanal gliedert sich meist in Vorder-, Mittel- und Enddarm. Die Atmung wird in der Regel durch Kiemen (z. B. Trilobiten, Krebse), Fächer- und Röhrentracheen (Spinnentiere) oder Tracheen (Tausendfüßler, Insekten) bewirkt. Als Ausscheidungsorgane sind Exkretionsdrüsen und Malpighische Gefäße vorhanden. Ein Paar Keimdrüsen liegt in der einheitlich gestalteten Leibeshöhle. Die Entwicklung verläuft meist als Metamorphose (Verwandlung) über sehr verschieden gestaltete Larvenzustände. Brutfürsorge- und Brutpflegeinstinkte sind oft sehr hoch entwickelt, besonders bei Insekten.

1. UNTERSTAMM

KREBSE *(Branchiata, Crustacea)*

A. ALLGEMEINER TEIL

1. Allgemeine Kennzeichnung

Arthropoden mit 2 Paar Antennen, 3 Paar kauenden Mundgliedmaßen und Kiemenatmung; jedes Körpersegment kann Extremitäten tragen.

Die Crustaceen treten in sehr verschiedenen Erscheinungsformen auf, so daß die obige Charakteristik bei weitem nicht für alle Krebse zutrifft. Besonders die festsitzenden und parasitischen Arten sind in Anpassung an ihre Lebensweise oft ganz abweichend gebaut und manchmal nur noch auf Grund ihrer Larven als Krebse zu erkennen.

Die Crustaceen sind primär Wassertiere, nur wenige Gruppen, vor allem die Land-Isopoden, haben das Land erobert.

2. Integument

Der Körper ist bekleidet von einem schützenden und formerhaltenden Chitingerüst, das aus mehreren Lagen besteht und von dem einschichtigen chitinogenen Epithel (Hypodermis) abgeschieden wird. Als äußerste Lage kann noch eine dünne, aber härtere Epicuticula vorhanden sein. An den Rumpf- und Gliedmaßensegmenten ist das Chitin zu festen, starren Platten bzw. Röhren verdickt, die durch dünne, faltbare Gelenkhäute miteinander beweglich verbunden sind. Auch Vorderdarm (einschließlich Magen der Malacostracen) und Enddarm sind, entsprechend ihrer ectodermalen Herkunft, innen mit einer Chitinmembran ausgekleidet. Oft ist die Festigkeit des Chitingerüstes durch Kalkeinlagerungen erhöht, besonders bei Cirripedien und Malacostracen; der Kalk wird dem Wasser oder der Nahrung entnommen. Stellenweise ist der Panzer von feinen Kanälen durchbohrt, durch die Nervenfasern zu Hautsinnesorganen führen oder durch die sich Hautdrüsen nach außen öffnen.

Das Integument dient außerdem als Skelett, also als stützender Teil des Bewegungsapparates. Neben dem Außenskelett findet sich vielfach noch ein Innenskelett, das von Einstülpungen der Hypodermis abgeschieden wird. Besonders kräftig ist es im Thorax der Decapoden entwickelt. Es bietet den Muskeln Anheftungsflächen und manchmal dem Nervensystem oder anderen inneren Organen Schutz.

Auch die Kiemen sind von einer dünnen Chitinschicht überzogen. Bei vielen kleinen Formen, denen Kiemen fehlen, nimmt das gesamte Integument vermittelnd an der Atmung teil.

Da die meisten Crustaceen bis ins Alter wachsen, muß der Panzer oft gewechselt werden. Bei diesen Häutungen wird die alte, zu eng gewordene Körperhülle meist in einem einzigen Stück abgestreift, nachdem sie vorher an ganz bestimmten, präformierten Nähten aufgeplatzt ist.

Histologie und chemische Zusammensetzung des Panzers sind vor allem bei Decapoden untersucht. Hier besteht er aus 4 Schichten, 1. der sehr dünnen Epicuticula, 2. der Pigmentschicht, die sich aus zur Oberfläche parallel verlaufenden Chitinlamellen zusammensetzt und etwa $^1/_4$—$^1/_5$ der Panzerdicke einnimmt, 3. der Hauptlage, ebenfalls aus horizontalen Lagen aufgebaut und $^3/_4$—$^4/_5$ der Panzerstärke ausmachend, und schließlich 4. der Innenlage, etwa vom selben Bau wie die Hauptlage, aber sehr viel dünner und ohne Kalkeinlagerungen. Die Hauptbestandteile des Panzers sind bei *Astacus:* Chitin (ein Aminopolysaccharid) ca. 34 %, kohlensaurer Kalk etwa 47 %, Phosphate bis 8 %. Die nur in der Pigmentschicht vorkommenden Farbstoffe sind Zooerythrine (blau oder rot) oder Melanine (schwarze Körner).

3. Körpergliederung

Der Körper der Crustaceen (Abb. 1) ist wie der aller Arthropoden metamer gegliedert. Er ist zusammengesetzt aus einer wechselnden Zahl von Segmenten, die jedes 1 Beinpaar tragen können. An den Enden ist der Körper durch je ein stets extremitätenloses und den übrigen Segmenten nicht gleichwertiges Stück begrenzt; das Acron oder der Kopflappen verschmilzt jedoch immer mit dem nächsten Segment, während das Telson oder

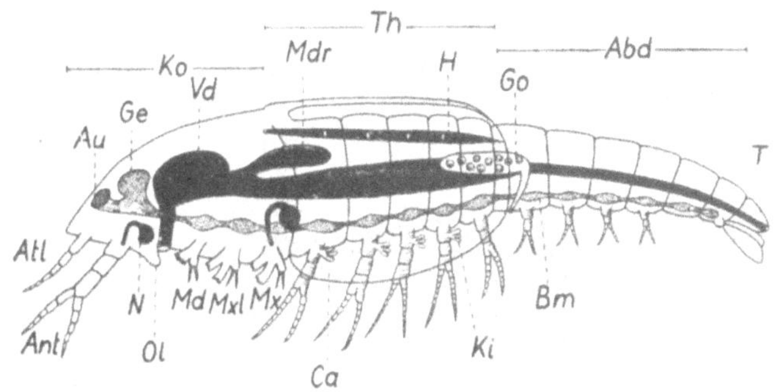

Abb. 1. Schema der Crustaceen-Organisation. *Abd* Abdomen, *Ant* Antenne, *Atl* Antennula, *Au* Auge, *Bm* Bauchmark, *Ca* Carapax, *Ge* Gehirn (Oberschlundganglion), *Go* Gonade, *H* Herz, *Ki* Kieme, *Ko* Kopf, *Md* Mandibel, *Mdr* Mitteldarmdrüse, *Mx* Maxille, *Mxl* Maxillula, *N* Nephridium (Antennendrüse), *Ol* Oberlippe, *T* Telson, *Th* Thorax, *Vd* Vorderdarm. Nach Kuhn verändert

die Schwanzplatte meist deutlich unterscheidbar ist. Jedes Segment setzt sich aus einem dorsalen Tergit und einem ventralen Sternit zusammen, die beide ohne Grenze ineinander übergehen. Oft entsteht an den Seiten des Rumpfes eine Hautfalte, die die Bauchdecke und die proximalen Beinglieder schützt; an der Entstehung dieser Epimeren können auch die Coxen der Beine beteiligt sein. Untereinander sind die Segmente durch Gelenkhäute verbunden.

Die Zahl der Körperringe ist bei den einzelnen Klassen recht verschieden. Auch kommt es immer zu Verschmelzungen verschiedener Segmente. So sind die vorderen Metameren stets mit dem Acron zu einem einheitlichen Cephalon oder Kopf verwachsen. Nur selten aber (bei Phyllopoden, Anostracen, Leptostracen, Bathynelliden) bleibt der Kopf getrennt, da nämlich meist noch eine wechselnde Zahl (1—8) von Thoraxsegmenten mit ihm verschmilzt. Es entsteht so eine einheitliche Kopfbrust oder Cephalothorax. Die Gliedmaßen der mit dem Kopf verschmolzenen Rumpfsegmente dienen dann zum Teil der Nahrungsaufnahme (Cephalisation!).

Die ursprüngliche Kopfgliederung ist noch nicht befriedigend aufgezeigt; morphologisch-anatomisch ergeben sich folgende Verhältnisse (vgl. Abb. 5, 6): Das Acron ist kein echtes Segment, es entspricht vielmehr dem Prostomium der Anneliden und enthält als Ganglion das Protocerebrum, das die Augen innerviert. Es folgt als erstes echtes Segment das Deutocephalon mit dem Deutocerebrum; es trägt die Antennulae oder 1. Antennen (entspricht dem Antennensegment der Insekten). Proto- und Deutocerebrum bilden zusammen das ursprüngliche Gehirn (primäres Syncerebrum). Eng an dieses angeschlossen hat sich das Tritocephalon mit dem Tritocerebrum, das die Antennen (2. Antennen) innerviert. Dieser Kopfteil entspricht dem Interkalarsegment der Insekten bzw. dem Chelicerensegment der Arachnida. Die Kommissur des Tritocerebrum liegt noch hinter dem Schlund, während das Ganglion selbst vor den Schlund gerückt ist und mit dem Proto- und Deutocerebrum zusammen das sekundäre Syncerebrum bildet. Nun folgen die Segmente der Mundgliedmaßen: das Mandibelsegment, das Maxillularsegment (1. Maxille) und das Maxillarsegment (2. Maxille = Labium der Insekten = Pedipalpe der Arachnida). Die Ganglienpaare dieser 3 Segmente liegen hinter dem Schlund und sind zum sog. Unterschlundganglion zusammengetreten.

Danach würde sich der Kopf also aus dem Acron und 5 echten Segmenten zusammensetzen. Ob noch ein praeantennulares Segment auftritt, wie das bei Insekten der Fall zu sein scheint, läßt sich nicht sagen, da der Nachweis embryonaler Coelomsäcke bei Krebsen äußerst schwierig, in den meisten Fällen gar nicht möglich ist.

Daß beim erwachsenen Krebs die Augen hinter den beiden Antennenpaaren liegen, ist eine sekundäre Erscheinung. Während der Embryogenese biegt sich nämlich der vorderste Teil des Keimes mit dem Protocerebrum nach oben und hinten um. Dadurch rücken die Antennenpaare an die Spitze des Körpers, wo sie ihrer Aufgabe als Organe des Tast- und chemischen Sinnes auch am besten gerecht werden können (Abb. 6).

Der Rumpf der Crustaceen kann in Thorax (Brust) und Abdomen (Hinterleib) zerlegt werden. Diese Einteilung beruht auf der verschiedenartigen Ausbildung der Extremitäten in beiden Teilen, zum Teil auch auf der Lage der Geschlechtsöffnung, sie ist jedoch durchaus nicht bei allen Klassen genügend vergleichend-anatomisch begründet. Die beiden Körperabschnitte sind auch nicht überall gleichwertig, es kann selbst innerhalb der nächsten Verwandtschaft die Grenze zwischen Thorax und Abdomen schwanken. Nur bei wenigen Gruppen läßt sich diese Grenze sicher festlegen, so bei den Malacostracen, deren Thorax stets aus 8 Segmenten besteht. Verschmelzungen können auch im Bereich des Thorax und Abdomens eintreten, indem 2 oder mehr Metamere miteinander verwachsen. Auch das Telson ist oftmals mit dem letzten Abdominalsegment verschmolzen.

Bei vielen Crustaceen nimmt vom Hinterrand des Kopfes, vom Segment der Maxille eine Hautfalte ihren Ursprung, die den Körper mehr oder weniger weit überdeckt und die als Carapax oder Schale bezeichnet wird. Der Carapax ist eine Sonderbildung der Krebse. Er ist oft mit dem Rückenschild des Kopfes zu einem einheitlichen Stück verschmolzen (z. B. *Notostraca, Decapoda*). Im Extremfall hüllt er als zweiklappige Schale den gesamten Körper ein (*Conchostraca, Ostracoda*), bei den Angehörigen anderer Klassen bedeckt er nur den Rücken verschieden weit nach hinten. Der Carapax dient zum Schutz des Körpers bzw. einzelner Körperteile; er fehlt nur den *Anostraca, Cope-*

poda, Syncarida, Amphipoda und *Isopoda;* bei den *Tanaidacea* ist er sehr klein und überdeckt nur die Atemhöhle; bei den *Polyphemidae* und *Leptodoridae (Phyllopoda)* schließlich hängt er dem Rumpf dorsal an und dient lediglich als Brutraum.

Vergleichend anatomisch entspricht auch das Cephalothoraxschild der Amphipoden und Isopoden einem Carapax. Nur fehlen hier die charakteristischen Seitenfalten, da der Kopf und das mit ihm verschmolzene 1. Thoraxsegment lediglich von einer gemeinsamen Rückenplatte bedeckt sind. Im systematischen Teil sind daher Amphipoden und Isopoden mit den Worten „ohne Carapax“ gekennzeichnet.

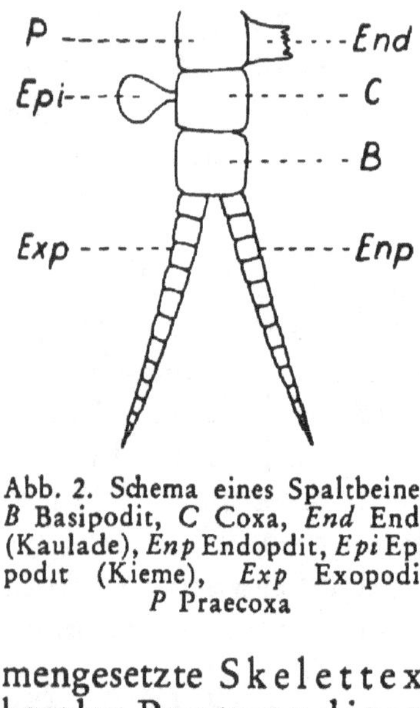

Abb. 2. Schema eines Spaltbeines. *B* Basipodit, *C* Coxa, *End* Endit (Kaulade), *Enp* Endopdit, *Epi* Epipodit (Kieme), *Exp* Exopodit, *P* Praecoxa

4. Gliedmaßen

Die typische Crustaceen-Extremität ist das Spaltbein, eine Bildung, die uns sonst nirgends im Tierreich begegnet. Dieses Spaltbein (Abb. 2) ist eine aus gelenkig verbundenen Gliedern zusammengesetzte Skelettextremität und besteht aus einem basalen Protopoditen, dessen Endglied 2 Äste trägt, den Innenast oder Endopoditen und den Außenast oder Exopoditen. Der Protopodit setzt sich ursprünglich aus 3 Gliedern zusammen, der Praecoxa, der Coxa und der Basis. Die Praecoxa ist jedoch in den meisten Fällen in den Rumpf einbezogen oder doch nur undeutlich ausgebildet. Die Coxa kann in seltenen Fällen auch mit der Körperwand verschmelzen. Im allgemeinen besteht also der Protopodit aus 2 Gliedern, nur gelegentlich ist er 3- oder 1gliedrig.

Die Basis ist der Träger der beiden Spaltäste, die beide ursprünglich mehrgliedrig sind, deren Gliederzahl aber reduziert werden kann bis zum Schwund des einen oder anderen Astes. Bei den Malacostracen z. B. zeigt der Exopodit starke Neigung zur Reduktion, so daß hier bei vielen Ordnungen im Bereich des Thorax nur noch der Endopodit erhalten ist, der dann als Laufbein dient. Neben Reduktionen bzw. Verschmelzung einzelner Beinglieder kann es aber auch zu einer sekundären Vermehrung der Gliederzahl eines Astes kommen. Im übrigen können die Extremitäten manchmal so starken Abwandlungen unterliegen, daß es schwer fällt, die einzelnen Teile mit den Bestandteilen des ursprünglichen Spaltfußes zu homologisieren (vgl. hierzu im systematischen Teil das bei den einzelnen Klassen Gesagte).

Außer diesen Grundelementen (Protopodit, Endopodit, Exopodit) trägt der Spaltfuß noch einige weitere Anhänge, vor allem im Bereich des Protopoditen. Hier treten Bildungen auf, die als Endite und Exite bezeichnet werden. Es sind nach innen bzw. außen gerichtete, lappenartige oder auch anders gestaltete Auswüchse. Exite kommen sehr oft an der Coxa vor und werden dann als Epipodite bezeichnet; sie dienen meist der Atmung (Kiemenanhänge). Endite stehen vor allem an den Extremitäten der Mundregion und dienen dann dem Nahrungstransport oder der Nahrungszerkleinerung, indem die Enditen beider Seiten gegeneinander wirken (Kauladen). Bisweilen ist das Gliedmaßenpaar eines Segments mit Hilfe eines Häkchens (Retinaculum) miteinander verankert, so daß das Paar als Einheit wirken kann, etwa beim Ruderschlag oder bei der Kopulation. Sehr häufig treten an den Beingliedern Borsten auf, die noch gefiedert sein können und die vor allem der Verbreiterung der Ruderfläche (bei Schwimmbeinen) dienen, manchmal auch (z. B. Decapoden) zum Anheften der sich entwickelnden Eier.

Die phylogenetische Herkunft des Spaltbeins ist völlig ungewiß. Die Frage, ob der Spaltfuß die ursprüngliche Extremität aller Arthropoden darstellt oder ob er eine Neuerwerbung der Crustaceen ist, konnte noch nicht entschieden werden. Viele Tatsachen sprechen jedoch für die zweite Auffassung.

Das erste Extremitätenpaar sind die stets einästigen Antennulae (oder 1. Antennen). Sie haben niemals Spaltfußcharakter und setzen sich aus einem wenig gliedrigen Stamm und einer vielgliedrigen Geißel zusammen. Bei vielen Malacostracen tritt noch eine Nebengeißel auf. Die Gliederung kann auch völlig verlorengehen *(Phyllopoda, Anostraca)*. Die Antennulae sind Träger des Tast- und chemischen Sinnes, darüber hinaus enthalten sie bei manchen Malacostracen-Ordnungen im basalen Stielglied eine Statocyste. Bisweilen sind sie auch Grab-, Klammer- oder Haftorgan (z. B. bei vielen ♂ zum Festhalten der ♀ während der Kopula). Bei den Nauplius-Larven, selten auch bei erwachsenen Tieren dienen sie als Ruderorgane.

Echte Spaltfüße sind die Antennen (2. Antennen), die aus einem 2- oder 3gliedrigen Protopoditen und den beiden Spaltästen (Geißeln) bestehen; der Exopodit ist aber nicht selten reduziert, und auch der Endopodit kann verloren gehen *(Anostraca)*. Die Antennen sind ebenfalls in der Hauptsache Träger von Sinnesorganen. Oftmals, vor allem bei ♂, dienen sie als Klammerwerkzeug. Bei den *Ostracoda* sind sie das wichtigste Bewegungsorgan. Am Protopodit mündet, soweit vorhanden, die Antennendrüse (Exkretionsorgan). Bei den Anostraca gehen aus dem Protopodit die sogenannten Frontalanhänge hervor.

Auf den Spaltfuß läßt sich auch die Mandibel (Abb. 3a) zurückführen, obwohl sie beim erwachsenen Tier in typischer Ausbildung nur noch aus einer kräftigen Kaulade mit Taster besteht. In der Ontogenie treten die beiden Spaltäste jedoch deutlich auf. Schwierig ist es allerdings, die Teile der fertigen Mandibel mit denen des ursprünglichen Spaltbeins zu homologisieren; die Ansichten gehen hier noch auseinander. Der eigentliche Mandibelkörper, die Kaulade, ist sicherlich aus der Praecoxa (oder Praecoxa + Coca?) hervorgegangen. Die Kaulade besitzt eine stark chitinisierte Kaufläche, die allerdings mehr zum Quetschen als zum Kauen dient. Der Taster kann verlorengehen. Zu Stechwerkzeugen ist die Mandibel bei manchen Cytheriden *(Ostracoda)* und bei den *Branchiura* geworden.

Das 2. Paar der Mundgliedmaßen, die Maxillulae (oder 1. Maxillen) [Abb. 3b], haben den Spaltfußcharakter in vielen Fällen eindeutig bewahrt. Bei den *Malacostraca* fehlt dem erwachsenen Tier immer der Exopodit, und bei den Cladoceren *(Phyllopoda)* ist die Maxillula nur noch eine kleine, gebogene und ungegliederte Platte. Zu einem Saugnapf bzw. einer Klaue ist sie bei den *Branchiura* umgebildet.

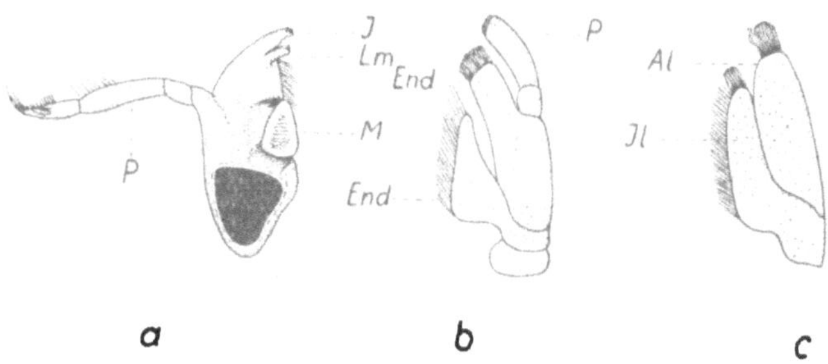

Abb. 3. *Gammarus lacustris* Sars *(Amphipoda)*. Mundwerkzeuge. a. Mandibel. *I* Pars incisiva, *Lm* Lacinia mobilis, *M* Pars molaris, *P* Palpus. b. Maxillula. *End* Endit, *P* Palpus (Endopodit). c. Maxille. *Al* Außenlade, *Il* Innenlade

An den Maxillen (2. Maxillen) [Abb. 3c], ursprünglich ebenfalls 2ästig, ist in der Regel der Exopodit weggefallen. Stark reduziert sind sie bei den *Phyllopoda* und *Anostraca*, ganz vermissen lassen sie viele *Ostracoda*, während sie bei manchen parasitischen *Copepoda* zu Haftarmen umgestaltet sind. An der Maxille mündet die Maxillendrüse (Exkretionsorgan), soweit eine solche vorhanden ist.

Die Rumpfgliedmaßen dienen der Fortbewegung durch Schwimmen oder Laufen. Das erste oder die ersten Paare sind oft abgeflacht wie die Mundgliedmaßen und als Maxillipeden (Kieferfüße) in den Dienst des Nahrungserwerbs getreten.

Keine echten Extremitäten sind die Augenstiele der *Anostraca* und vieler *Malacostraca*, sowie die Furcalanhänge, die am Telson stehen und weit verbreitet sind.

Anscheinend nichts mit dem Spaltfuß zu tun haben die sogenannten Blattbeine der *Phyllopoda* und *Anostraca*. Sie sind sicher sekundäre Bildungen. Ihnen fehlt jegliche Gliederung in einzelne Skelettabschnitte, sie werden vielmehr durch den hohen Druck der Körperflüssigkeit prall gehalten und daher auch Turgorextremitäten genannt. Ihr blattartiges Aussehen verdanken sie dem breiten, stark abgeflachten „Protopoditen“ bzw. „Endopoditen“, die verschiedene kleine Anhänge tragen (Abb. 4). Ähnliche Blattbeine haben die *Leptostraca* unter den *Malacostraca;* hier entsteht der blattähnliche Eindruck durch den großen Epipoditen. Die Homologisierung der Blattbeine mit dem Spaltbein wurde zwar oft versucht, aber nie befriedigend gelöst.

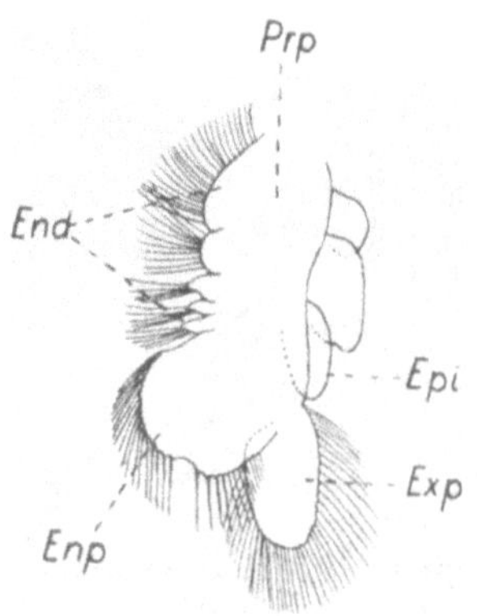

Abb. 4. *Chirocephalus grubei* (Dybowski) *(Anostraca)*. Blattbein. *End* Endit, *Enp* Endopodit, *Epi* Epipodit, *Exp* Exopodit, *Prp* Protopodit. Die Bezeichnungen sind in Anlehnung an die entsprechenden Teile der Gliederbeine gewählt, eine Homologie soll damit nicht zum Ausdruck gebracht werden

Die Gliedmaßen zeigen oft eine erstaunlich große Regenerationsfähigkeit. Eine verlorengegangene Extremität wird als Knospe wieder angelegt und wächst dann im Laufe mehrerer Häutungen auf ihre ursprüngliche Größe heran. Naturgemäß ist das Regenerationsvermögen bei jungen, schnell wachsenden Tieren größer als bei älteren, sich weniger oft häutenden. Verluste von Gliedmaßenteilen oder ganzen Gliedmaßen können vor allem bei den Häutungen auftreten, sodann aber auch durch Autotomie, also durch den selbständigen Abwurf eines Beines, wie das oft an den Thoraxbeinen der Decapoden zu beobachten ist, die dafür sogar präformierte Bruchstellen besitzen.

5. Nervensystem

Das Zentralnervensystem der Crustaceen setzt sich aus dem Oberschlundganglion und der Bauchganglienkette zusammen (Abb. 1). Hinzu kommt das sympathische (viscerale) oder periphere System.

Das zentrale System ist ein Strickleiternervensystem, homolog dem der Anneliden. Im typischen Falle liegt in jedem Körpersegment ein Ganglienpaar, das untereinander durch zwei Kommissuren verbunden ist, während die Ganglienpaare benachbarter Segmente durch ein Paar Konnektive in Verbindung stehen. Diese ursprünglichen Verhältnisse finden wir noch bei den Phyllopoden und Anostracen, bei denen selbst die Ganglien der Mundgliedmaßen weit voneinander getrennt sind (Abb. 5). Bei den anderen Krebsen ist die Gestalt des Nervensystems zum Teil beträchtlich verändert.

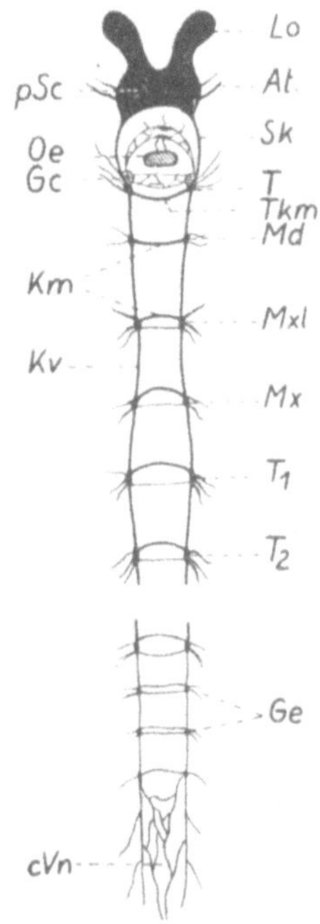

Abb. 5. Strickleiternervensystem eines Phyllopoden. Die mittleren Segmente sind weggelassen. *Atl* Antennularnerv (Deutocerebrum), *cVn* caudale Visceralverven, *Gc* Ganglion connectivale, *Ge* Ganglien des Genitalsegments, *Km* Kommissur, *Kv* Konnektiv, *Lo* Lobus opticus, *Md* Mandibelganglion, *Mx* Maxillenganglion, *Mxl* Maxillularganglion, *Oe* Oesophagus (quer geschnitten), *pSc* primäres Syncerebrum, *Sk* Schlundkonnektiv, *T* Tritocerebrum (mit Antennennerv), *T*1,2 Ganglien der Thoraxsegmente 1 und 2, *Tkm* Tritocerebralkommissur. — Nach Giesbrecht (1913)

Das Oberschlundganglion oder Gehirn (Abb. 6) liegt vor bzw. über dem Oesophagus und besteht aus drei Teilen, dem Protocerebrum (im Acron gelegen), das die Augen innerviert, dem Deutocerebrum (Antennularsegment) und dem Tritocerebrum (Antennensegment). Das Deutocerebrum wird beim Embryo etwa in Höhe der Mundöffnung angelegt, rückt jedoch stets nach vorn vor den Mund und bildet mit dem Protocerebrum zu-

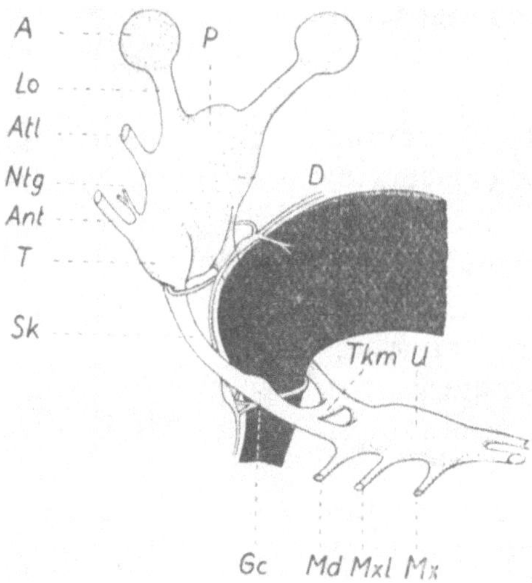

Abb. 6. Schematisches Bild des Oberschlundganglions eines Malacostracen mit den wichtigsten Nerven. Darm schwarz eingezeichnet. Man beachte die dorsale Aufbiegung des Gehirns. *A* Komplexauge, *Ant* Antennennerv, *Atl* Antennularnerv, *D* Deutocerebrum, *Gc* Ganglion connectivale, *Lo* Lobus opticus, *Md* Mandibelnerv, *Mx* Maxillennerv, *Mxl* Maxillularnerv, *Ntg* Nervus tegumentarius, *P* Protocerebrum, *Sk* Schlundkonnektiv, *T* Tritocerebrum, *Tkm* Tritocerebralkommissur, *U* Unterschlundganglion. Die Hauptteile des vorderen sympathischen Systems sind ohne Bezeichnung

sammen das primäre Syncerebrum (Abb. 5). Das Tritocerebrum dagegen entsteht hinter dem Mund. Bei den Phyllopoden und Anostracen bleibt es auch dort liegen und ist hier mit dem primären Syncerebrum durch die langen Schlundkonnektive verbunden, während beide Ganglien untereinander durch die Tritocerebralkommissur verbunden sind. Bei den anderen Krebsen ist das Tritocerebrum auf den Schlundkonnektiven sozusagen nach vorn gewandert und hat sich eng an das primäre Gehirn angeschlossen. Es entsteht so das sekundäre Syncerebrum. Die Tritocerebralkommissur bleibt jedoch stets hinter dem Schlund liegen, wenn sie auch nicht mehr in allen Fällen kenntlich ist (Verschmelzung mit dem Mandibelganglion). Ein Teil des Tritocerebrums löst sich jedoch bei der Wanderung von diesem los, es bleibt als Ganglion connectivale (Zentrum für die Verbindung mit dem vorderen sympatischen System) im hinteren Abschnitt der Schlundkonnektive liegen.

Die vom Gehirn ausgehenden Nerven und ihre Zentren sind in der Hauptsache folgende (Abb. 7): Das Proto-

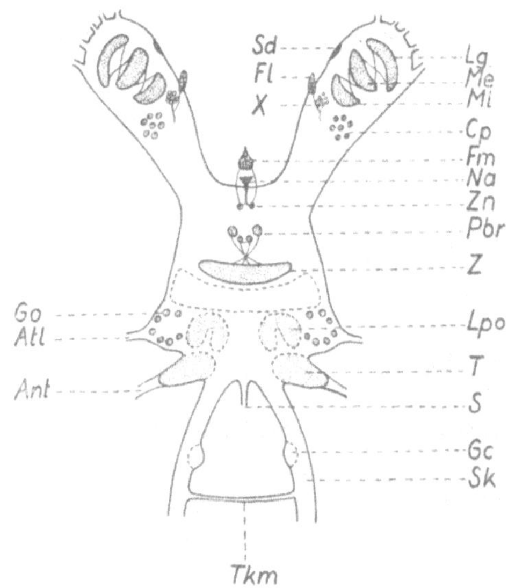

Abb. 7. Schematisches Bild der Ganglienmassen im Gehirn eines Malacostracen. *Ant* Antennennerv, *Atl* Antennularnerv, *Cp* Corpora pedunculata, *Fl* Laterales Frontalorgan, *Fm* Mediales Frontalorgan, *Gc* Ganglion connectivale, *Go* Glomeruli olfactorii, *Lg* Lamina ganglionaris, *Lpo* Lobus parolfactorius, *Me* Medulla externa, *Mi* Medulla interna, *Na* Naupliusauge, *Pbr* Protocerebralbrücke, *S* Verbindungsnerv zwischen Tritocerebrum und visceralem System, *Sd* Sinusdrüse, *Sk* Schlundkonnektiv, *T* Neuropilem des Tritocerebrums, *Tkm* Tritocerebralkommissur, *X* X-Organ, Z Zentralkörper, *Zn* Zentrum des Naupliusauges und des medialen Frontalorgans.
Nach Hanström (1947)

cerebrum läuft nach vorn in die beiden Lobi optici aus, auf denen die Komplexaugen sitzen. Bei den *Malacostraca* ist ein Teil des Protocerebrums in die Augenstiele hineinverlagert und bildet dort die Sehzentren. Man unterscheidet von proximal nach distal die Medulla interna, die Medulla externa und die Lamina ganglionaris, deren verbindende Nervenfasern je ein Chiasma bilden, also sich überkreuzen. Alle anderen Klassen besitzen, soweit sie mit Komplexaugen ausgerüstet sind, nur zwei Sehmassen (Medulla und Lamina), und es fehlt ihnen stets eine chiasmatische Überkreuzung der Sehnerven. Das Naupliusauge wird von einer ebenfalls im Protocerebrum gelegenen Sehmasse versorgt.

Das Protocerebrum enthält ferner wichtige Assoziationszentren. Der Zentralkörper steht mit den Sehmassen und den Glomeruli der Antennen (Riechzentren), sowie anderen Gehirnteilen in Verbindung. Vor ihm liegt die Protocerebralbrücke. Die Corpora pedunculata verbinden gleichfalls Seh- und Riechzentren. Als wichtigste inkretorische Drüse ist die Sinusdrüse zu nennen, die den bei Crustaceen weit verbreiteten Farbwechsel regelt und wahrscheinlich auch den Häutungszyklus beeinflußt. Die Funktion der Frontalorgane und des X-Organs konnte noch nicht geklärt werden.

Das Deutocerebrum versorgt die Antennulae und enthält die Riechzentren (Glomeruli olfactorii). Mediad von diesen liegt der Lobus parolfactorius, der bei den Decapoden den Nervus staticus (von der Statocyste kommend) empfängt.

Das Tritocerebrum innerviert die Antennen. Es enthält das Antennenneuropilem. Auch die Zentren für den Nervus tegumentarius, der die Haut des Vorderkörpers versorgt, liegen hier. Das Tritocerebrum ist außerdem durch einen besonderen Nerv mit dem vorderen sympatischen System verbunden.

Auf das Oberschlundganglion, mit diesem durch die Schlundkonnektive verbunden, folgt die unter dem Darm gelegene Bauchganglienkette. Jedes Ganglienpaar innerviert das zu dem betreffenden Segment gehörende Gliedmaßenpaar. Auch im Bereich des Bauchmarks kommt es zu mehr oder weniger weitgehenden Verschmelzungen. So können die beiden Ganglien eines Paares aneinanderrücken und schließlich miteinander verschmelzen, wobei die Kommissuren in die Ganglienmasse einbezogen werden. Die beiden Konnektive verschmelzen ebenfalls, können aber auch getrennt bleiben. Weiterhin können die Ganglien benachbarter Segmente zusammenrücken. So sind z. B. bei vielen Malacostracen die Ganglien der Mundgliedmaßen (oft auch noch der nächsten Thoraxsegmente) zu einem einheitlichen Unterschlundganglion vereinigt (Abb. 6). Am weitesten ist diese Entwicklung bei den Krabben *(Decapoda, Brachyura)* gegangen. Hier sind, als Folge der Verkürzung des Körpers, alle Bauchganglien zu einer einzigen Nervenmasse zusammengetreten. Die ursprüngliche Gliederung kann dann nur auf Grund der Histologie und der Anzahl der austretenden Nerven festgestellt werden.

Die Ganglienpaare haben nicht immer alle die gleiche Größe. Diese ist vielmehr von der Entwicklung des zugehörigen Gliedmaßenpaares abhängig. So verkümmert ein Ganglion, wenn die von ihm innervierte Gliedmaße reduziert ist. Oft tritt auch der Fall ein, daß die hintersten Ganglien nach vorn in andere Segmente rücken, es verkürzt sich also die Ganglienkette, ohne daß eine Körperverkürzung die Veranlassung gibt.

Das sympathische System besteht aus einem vorderen und einem hinteren Teil. Das vordere periphere System steht mit dem Zentralnervensystem durch die Konnektivalganglien in Verbindung (Abb. 5—7), es innerviert den Oesophagus, den Magen und das Hepatopankreas. Der hintere Teil entspringt aus dem letzten Abdominalganglion (Abb. 5) und versorgt Mittel- und Enddarm.

6. Sinnesorgane

Als wichtigste Sinnesorgane der Krebse wollen wir Augen, Chemorezeptoren und Statocysten nennen.

Lichtsinnesorgane sind das unpaare Naupliusauge und die paarigen Komplexaugen. Das Naupliusauge tritt bereits bei den ersten Larven auf und ist in vielen Fällen auch noch beim erwachsenen Tier erhalten geblieben, so bei den Phyllopoden, den meisten Ostracoden, den Anostracen, Copepoden, Branchiuren, Cirripedien und unter den Malacostracen bei den Stomatopoden, Euphausiaceen und einigen Decapoden. Es liegt an der Dorsalseite des Gehirns (vgl. Abb. 7), zwischen den Basen der Antennulae oder zwischen den Augenstielen, und besteht nur aus wenigen Sehelementen. Bei den Pyllopoden z. B. setzt sich das unpaare Auge aus 4 Pigmentbechern zusammen, die jeder nur wenige Sehzellen enthalten. Bei Ostracoden sind 2, seltener 3 Becherocellen vorhanden. Etwas komplizierter ist das Naupliusauge bei den Copepoden gebaut, bei denen es zeitlebens das einzige Sehorgan darstellt. Auch hier besteht es zwar nur aus 3 Pigmentbechern (2 dorsalen und 1 ventralen), jeder Becher enthält jedoch bis zu 10 Retinazellen. In einzelnen Fällen kann das Copepoden-Auge sogar Bewegungen ausführen.

Der einfache Bau der Naupliusaugen gestattet selbstverständlich kein Bild- oder Bewegungssehen. Mit ihnen können nurHelligkeitsunterschiede wahrgenommen werden. Über andere Funktionen des Naupliusauges (Orientierung des Körpers im Raum?) wissen wir nichts.

Anders verhält es sich mit den Komplexaugen, die teilweise äußerst hoch entwickelt und aus vielen Sehelementen zusammengesetzt sind. Mit ihnen sind Sehleistungen bis zum Farbensehen möglich. Die Komplexaugen sitzen an den distalen Enden der Lobi optici, sie stehen also an den Seiten des Kopfes. Wir begegnen ihnen bei Phyllopoden, bei wenigen Ostracoden, bei Anostracen, Branchiuren, den Cypris-Larven der Cirripedien (bei den erwachsenen Rankenfüßern sind sie stark reduziert) und bei den Malacostracen. Auf meist beweglichen Stielen sitzen sie bei den Anostracen und unter den Malacostracen bei den Leptostracen, bei *Anaspis* unter den Anaspidaceen, bei Stomatopoden, Euphausiaceen, Decapoden und Mysidaceen. Bei allen anderen Klassen und Ordnungen sind die Komplexaugen sitzend, also ungestielt. Zur Reduktion der Augen kommt es oft bei Tiefsee- oder Höhlenbewohnern.

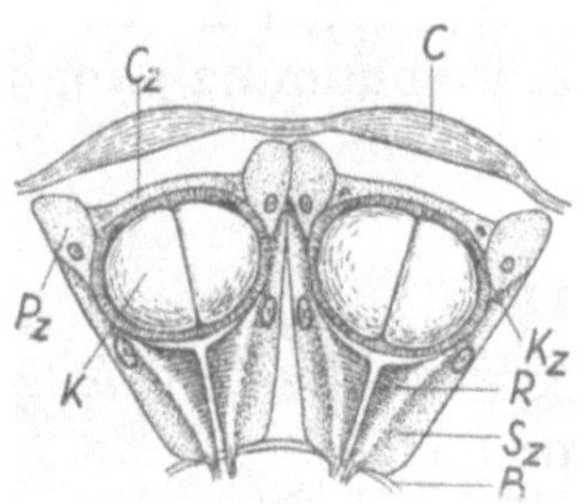

Abb. 8. Halbschematischer Längsschnitt durch zwei Ommen des Komplexauges von *Porcellio scaber* Latreille *(Isopoda, Oniscoidea)*. *B* Basalmembran, *C* Cornea, *Cz* Corneagenzelle, *K* Kristallkegel (hier nur von 2 Zellen gebildet), *Kz* krystallogene Zelle, *Pz* Pigmentzelle, *R* Rhabdom, *Sz* Sehzelle. Vergr. 350 mal. Nach de Lattin (1939)

Die Komplexaugen sind aus einer kleineren oder größeren Zahl von Einzelaugen (Ommen, Facetten) zusammengesetzt (Abb. 8). Jedes dieser Einzelaugen besteht wieder aus 3 Teilen: 1. dem dioptrischen Apparat zur Konzentration der Lichtstrahlen, bestehend aus Cornea und Kristallkegel, 2. dem rezeptorischen Apparat, der die Lichtreize empfängt und weiterleitet und der aus den Sehzellen (Retinulae) besteht, 3. den Pigmentzellen, die die einzelnen Ommen gegeneinander isolieren bzw. nach dem Körperinneren zu abschirmen. Da jedes Einzelauge nur einen einzelnen Punkt des Objektes abbildet, setzt sich das Gesamtbild je nach der Zahl der gereizten Ommen aus mehr oder weniger vielen Einzelpunkten mosaikartig zusammen[1]).

Die durchsichtige Cornea hat einen 6seitigen Umriß. Sie ist dem Chitinskelett homolog und wird von 2 unter ihr liegenden Corneagenzellen abgeschieden. Der Kristallkegel entspricht der Hypodermis und wird aus 4 Zellen (Semperschen Zellen) gebildet (bei Phyllopoden 5 Zellen). Je nach dem Bau des dioptrischen Apparates ist die Cornea oder der Kristallkegel der wirksamere Teil.

Der rezeptorische Apparat wird von 7 Retinulazellen gebildet. Bei vielen Decapoden ist noch eine rudimentäre 8. nachgewiesen. Bei den Phyllopoden dagegen funktionieren nur noch 5 Zellen, während 2 zu Stützzellen geworden sind. Die in der Längsrichtung des Einzelauges stehenden lichtempfindlichen Teile der Zellen, die Stiftchensäume oder Rhabdomere, treten in der Mittelachse des Ommas zu einem einheitlichen Rhabdom zusammen. Die Stiftchensäume setzen sich in Neurofibrillen fort, die sich schließlich zum Nervus opticus vereinigen.

Manchmal sind die Ommen nicht regelmäßig über das Komplexauge angeordnet, sondern in Gruppen. So kann man bei Mysidaceen und vielen Euphausiaceen ein Seiten- und ein Frontauge unterscheiden. Bei den Cladoceren treten die beiden Komplexaugen in der Mediane zu einem unpaaren Gebilde zusammen. Auch bei Cumaceen sind beide Augen dicht aneinandergerückt. Bei einigen Amphipoden dagegen tritt eine Teilung des Komplexauges in bis zu 3 Teilaugen ein.

Die Statocysten dienen der Erhaltung des Gleichgewichts. Bei Decapoden ist auch nachgewiesen, daß sie wie die Gehörorgane der Wirbeltiere einen Einfluß auf den Muskeltonus haben. Festgestellt sind sie bisher bei *Anaspis*

---

[1]) Näheres hierüber bei K. Herter, Vergleichende Physiologie der Tiere. Sammlung Göschen Band 973.

(Anaspidacea) im Basalglied der Antennulae, bei Decapoden ebenfalls im Basalglied der Antennulae, bei den *Mysidae (Mysidacea)* im Innenast der Uropoden, bei manchen Amphipoden als paarige Organe im Kopf und bei vielen *Anthuridae* (Isopoda) im Telson. Die Organe arbeiten alle nach dem gleichen Prinzip. Auf einem Polster von Sinneszellen ruht ein Statolith (Schweresteinchen), der bei einigen Decapoden von außen eingeführt wird (Sandkörnchen), sonst vom Körper selbst abgeschieden wird (Abb. 9). Je nach der Lage des Tieres im Raum übt der Statolith einen verschieden starken Druck auf die Härchen der Sinneszellen aus und zeigt so dem Tier seine jeweilige Lage an. Bei *Anaspis* konnte kein Statolith nachgewiesen werden. Hier dienen anscheinend die ins Lumen der Statocyste ragenden und klöppelartig verdickten, distalen Enden der Sinneszellen als Schwerekörper.

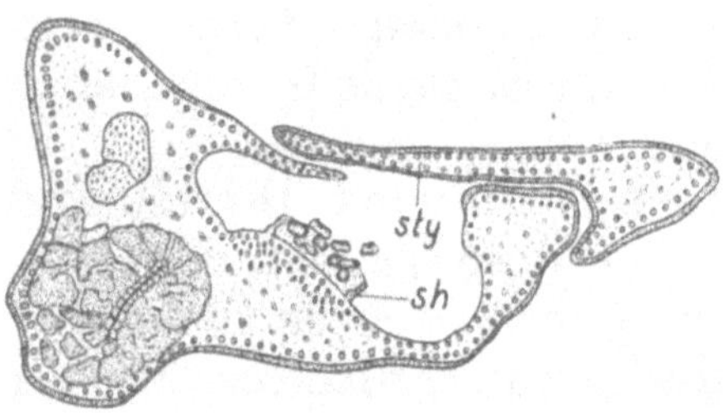

Abb. 9. Transversalschnitt durch die Statocyste des Decapoden *Palaemonetes vulgaris* (Say) *(Decapoda, Natantia)*. Es sind das Basalglied der Antennula mit der offenen Statocyste und der Stylocerit *(sty)* getroffen, der die Statocystenöffnung verdeckt. Die etwa 56 Sinneshaare *(sh)* sind hufeisenförmig angeordnet. Auf den Haaren liegen eine Anzahl, durch Zementsubstanz verklebte Sandkörnchen, die Statolithen. Diese werden bei jeder Häutung mit entfernt und müssen anschließend mit den Scherenfüßen wieder eingeführt werden. Je nach dem Untergrund, auf dem sich der Krebs häutet, sind daher die Statolithen verschiedener Natur (Sand, Foraminiferenschalen usw.) Vergr. 43mal. — Nach Prentiss (1901)

Chemische Sinnesorgane stehen bei fast allen Krebsen in Form von feinen Schläuchen auf den Antennulae. Aber auch andere Körperteile, wie Mundgliedmaßen, Endglieder der Laufbeine, Atemhöhle, können mit chemorezeptorischen Sinneszellen ausgestattet sein. Eine Trennung von Geruchs- und Geschmackssinn ist bisher noch nicht gelungen.

In vielen Fällen ist nachgewiesen, daß Haare und Borsten der beiden Antennenpaare, der Beine und des übrigen

Körpers innerviert sind. Sie dienen dann als Tasthaare dem mechanischen Sinn.

7. Stoffwechselorgane

a) Verdauung

Die Mundöffnung liegt auf der Ventralseite des Kopfes und wird vorn begrenzt durch die Oberlippe (Labrum), hinten durch die Unterlippe (Labium, Paragnathen). Seitlich des Mundes greifen zwischen beiden Lippen die Mandibeln mit der Pars incisiva ein.

Der Darm zieht in den allermeisten Fällen gerade durch den Körper, nur selten (bei einigen Cladoceren und Cumaceen) verläuft er in Spiralwindungen. Wie bei allen Arthropoden setzt er sich aus Vorder-, Mittel- und Enddarm zusammen. Vorder- und Enddarm verdanken ihre Entstehung Einstülpungen des Ectoderms und sind dementsprechend auch mit Chitin ausgekleidet. Der Mitteldarm dagegen ist entodermaler Herkunft, er ist bei den Malacostracen sehr kurz, nimmt aber bei allen anderen Krebsen fast die gesamte Darmlänge ein und kann hier auch magenartige Erweiterungen enthalten. Der Magen der Malacostracen wird vom Vorderdarm, nur unter geringer Beteiligung des Mitteldarms gebildet. Der After liegt auf der Ventralseite des Telsons oder, wo dieses fehlt, des letzten Abdominalsegments. Bei den meisten Cladoceren und den Copepoden ist er dorsal verschoben. Nur in seltenen Fällen bricht kein After durch.

In der Wandung des Oesophagus, in den beiden Lippen und manchmal auch in den Mundgliedmaßen sind eine Anzahl Drüsen festgestellt worden, die ein schleimiges Sekret absondern. Anscheinend machen sie die aufgenommenen Nahrungsteile schlüpfrig. Zum Teil wurden in ihnen auch Verdauungsfermente gefunden.

Der Oesophagus springt bei den Phyllopoden und den Branchiuren trichterartig in den Mitteldarm vor und bildet so eine Art Ventil, das den Rückstau der Nahrung verhindert. Der Mitteldarm zeigt bei den Branchiuren verästelte Ausstülpungen, auch bei einigen Copepoden, vor allem bei Ectoparasiten, treten Blindsäcke auf.

Der Mitteldarm hat sowohl die Funktion der Sekretion der Verdauungsfermente wie der Resorption des Nahrungsbreies, daneben auch im geringen Umfange der Exkretion. Fast immer sind besondere Mitteldarmanhänge vorhanden, die Mitteldarmdrüsen (Hepatopankreas). Sie sind bei den Malacostracen, die einen kurzen Mitteldarm besitzen, sehr groß, bei den anderen Klassen mit langem Mitteldarm dagegen klein. Die Sekretion ist im allgemeinen merokrin. Das Hepatopankreas der Malacostracen, in dem auch Reservestoffe gespeichert werden, besteht entweder aus wenigen großen Schläuchen (z. B. *Isopoda)* oder aus sehr zahlreichen kleinen (z. B. *Decapoda*). Die Schläuche jeder Seite vereinigen sich zu einem gemeinsamen Ausführgang, der auf dem entodermalen Teil des Magens, also am caudalen Magenende mündet. Die Sekrete werden in den Filterrinnen nach vorn bis in den kardiacalen Teil des Magens geleitet. Manchmal treten die beiden Gänge vor der Ausmündung auch zu einem unpaaren Gang zusammen.

Der fast ausschließlich dem Vorderdarm angehörende Magen der Malacostracen ist ein recht kompliziertes Gebilde. Man kann an ihm meist 2 Teile unterscheiden, einen kardiacalen (Kaumagen), der an den Oesophagus anschließt, und einen pyloricalen (Filtermagen), der in den Mitteldarm übergeht. Aufgabe des ersten ist es, die Nahrung mit den Verdauungsfermenten zu durchkneten. Bei den Decapoden, die eine aus kräftigen Zähnen bestehende „Magenmühle“ besitzen, wird hier die Nahrung außerdem noch durch Quetschen weiter zerkleinert. Im Pylorusteil wird die verwertbare Nahrung von den unverdaulichen Resten geschieden. Zu diesem Zweck enthält der Filtermagen eine Anzahl von Leisten und Spangen mit Borstenkämmen, die dafür sorgen, daß die Verdauungsprodukte in den Mitteldarm und die Mitteldarmdrüse gelangen, die Nahrungsreste dagegen in den Mitteldarm bzw., wo dieser sehr kurz ist, direkt in den Enddarm geleitet werden, ohne mit den Mündungen der Mitteldarmdrüse in Berührung zu kommen. Den Bau des Magens stellt Abbildung 10 dar, bei den einzelnen Ordnungen treten selbstverständlich Abweichungen von diesem Schema auf.

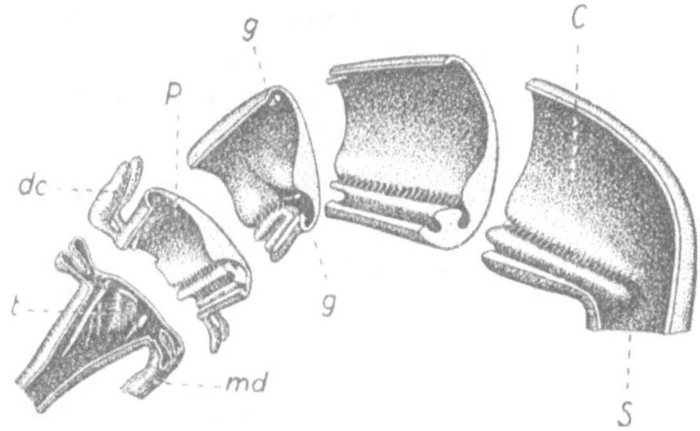

Abb. 10. Schema des Magens eines Malacostracen. Die rechte Seitenwand ist abpräpariert. *C* cardiacaler Stauraum, *dc* Dorsalcoeca, *g-g* Grenze zwischen cardiacalem und pyloricalem Teil, *md* Mitteldarmdrüse, über ihren Mündungen der Hauptfilterraum, *P* pyloricaler Stauraum, *S* Schlund, *t* Trichter, bestehend aus einer dorsalen, einer ventralen und zwei lateralen Spangen; er leitet die Nahrungsreste in den Mitteldarm. — Nach Zimmer (1927)

b) Atmung

Die primären Atmungsorgane der Crustaceen sind die als Epipodite an den Beinen stehenden Kiemen. Es sind dies schlauch-, blatt-, büschel- oder baumförmige Gebilde mit einer äußerst dünnen Chitinschicht, durch die der Gasaustausch stattfinden kann (Abb. 11). Die Erneuerung des Atemwassers erfolgt meist durch die Bewegungen der kiementragenden Extremitäten selbst. Oft werden die Kiemen von einer Carapaxfalte überdeckt, so daß eine bis auf wenige Öffnungen geschlossene Kiemenhöhle entsteht. Dann sorgen in der Hauptsache ganz bestimmte Extremitätenteile für einen Atemwasserstrom (z. B. der Scaphognathit der Decapoden, vgl. S. 86).

Neben diesen Kiemen können aber auch andere Körperteile respiratorische Funktion besitzen. Bei den Copepoden

z. B., die der Kiemen völlig entbehren, findet der Gasaustausch wohl an der gesamten Körperoberfläche statt. Vielleicht hat bei ihnen auch der Enddarm Atemfunktion. Bei den Branchiuren sind bestimmte Felder auf der Ventralseite der Schale die Hauptatmungsorte. Die meist mit einem dichten Gefäßnetz versehene Innenfläche der Schale bzw. des Carapax dient der Atmung bei den *Ostracoda, Leptostraca, Mysidae (Mysidacea), Cumacea* und *Tanaidacea.* Bei den meisten *Cirripedia* vermittelt die Innenfläche des Mantels den Gasaustausch. Eine diffuse Hautatmung ist auch bei Phyllopoden und Anostracen festgestellt, die jedoch in der Hauptsache mittels der Epipodite der Blattbeine atmen. Man konnte bei ihnen sogar eine Beziehung zwischen der Schwingungszahl der Beine und dem O_2-Gehalt des Wohngewässers nachweisen.

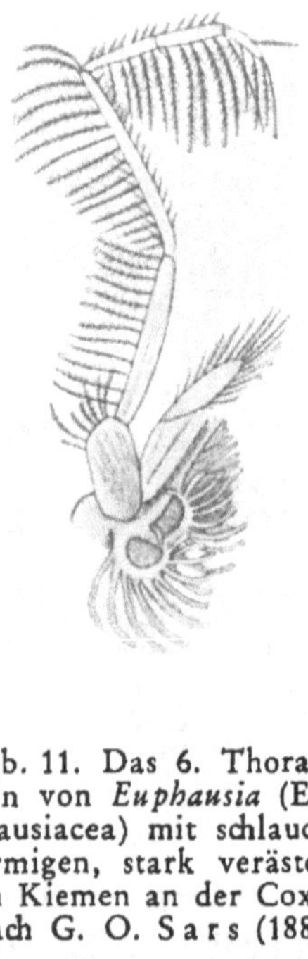

Abb. 11. Das 6. Thoraxbein von *Euphausia* (Euphausiacea) mit schlauchförmigen, stark verästelten Kiemen an der Coxa. Nach G. O. Sars (1885)

Die Atmungsorgane der Malacostracen sind im allgemeinen die Kiemen der Thoraxbeine, die an allen Beinpaaren stehen können, jedoch auch bis auf ein Paar reduziert sein können. Näheres hierüber folgt im systematischen Teil bei den einzelnen Ordnungen. Erwähnt seien hier nur die *Stomatopoda* und die *Isopoda,* bei denen sich sekundäre Kiemen entwickelt haben. Die Stomatopoden besitzen an den 5 Maxillipedenpaaren diskusförmige Blattkiemen, die vor allem bei den Larven funktionstüchtig sind. Bei den adulten Tieren sind die Hauptatmungsorgane dagegen die Epipodite an den ersten 5 Pleopoden. Bei den Isopoden sind die Pleopoden die einzigen Atmungsorgane überhaupt. Hier üben die beiden Spaltäste oder der Stamm selbst Atemfunktion aus, je nach der Familie und Gattung der eine oder andere Teil in verschiedem starkem Maße.

Besondere Luftatmungsorgane sind bei vielen Landasseln *(Oniscoidea)* entstanden, indem eine verschieden große Anzahl von Pleopodenexopoditen mit mehr oder weniger reich verästelten Chitineinstülpungen versehen ist. Im Leben erscheinen diese Trachealsysteme infolge ihrer Luftfüllung weiß („weiße Körper").

c) Kreislauf

Das Blutgefäßsystem der Krebse ist wie das aller Arthropoden ein offenes. Das Blut wird vom Zentralteil des Systems, vom Herzen, in die Arterien getrieben. Diese besitzen feste, eigene Wände, öffnen sich aber nach einer mehr oder weniger langen Strecke und nach Aufteilung in Kapillaren in die Leibeshöhle. Das Blut fließt dann in die Organ- und Gewebslücken, wo ihm der Sauerstoff entzogen wird. Sodann sammelt es sich in bestimmten Lückensystemen, den Sinus, die keine eigenen Wandungen besitzen, sondern nur in bestimmten Bahnen verlaufende Gewebslücken darstellen. Das Blut strömt darauf durch die Kiemen, in denen es wieder arteriell gemacht wird, und schließlich in das Pericard. Durch Öffnungen in der Herzwand, die Ostien, kann das Blut während der Diastole wieder in das Herz eindringen und seinen Kreislauf von neuem beginnen.

Das Herz ist ein über dem Darm gelegener, ursprünglich langgestreckter, hohler Schlauch mit segmental angeordneten Ostienpaaren (Abb. 1). Als Regel kann gelten, daß es in der Körperregion liegt, in der sich auch die Atmungsorgane befinden. Es entsteht, wie bei den Anneliden, durch Aneinanderlegen der dorsalen Coelomwände, die sich halbrohrförmig einbuchten und beim Zusammentreffen des rechten und linken Coeloms das Herzrohr bilden. Dieser Vorgang konnte bisher allerdings nur bei ganz wenigen Arten beobachtet werden, da das Coelom der Crustaceen die Eigenschaft hat, sich sehr früh aufzulösen.

Ein so ausgeprägtes Gefäßsystem wie das oben skizzierte kommt nur bei Malacostracen vor. Als Beispiel diene das eines Decapoden, nämlich des Flußkrebses, *Astacus astacus* (L.) [Abb. 12]. Das Herz ist hier ein breites, sackförmiges Gebilde, es ist also gegenüber der ursprünglichen Schlauchform verkürzt. Es liegt, vom Herzbeutel umgeben, hinter dem Magen und unter dem hinteren Carapaxabschnitt, also im Endteil des Cephalothorax. An der vorderen Herzwand entspringt die unpaare Kopfarterie (Aorta mediana oder A. anterior). Sie läuft über den Magen hinweg nach vorn zum Gehirn und zu den Augenstielen. Seit-

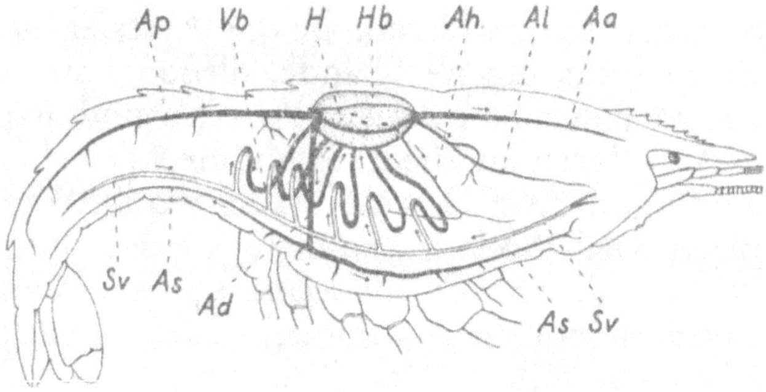

Abb. 12. Das Gefäßsystem von *Astacus astacus* (L.) *(Decapoda, Astacura)*. Das arterielle System schwarz, das venöse weiß. Die Pfeile geben die Strömungsrichtung des Blutes an. *Aa* Aorta anterior, *Ad* Aorta descendens, *Ah* Arteria hepatica, *Al* Arteria lateralis, *Ap* Aorta posterior, *As* Arteria subneuralis, *H* Herz, *Hb* Herzbeutel, *Sv* Sinus ventralis, *Vb* Vasa branchiopericardiaca. Nach Hatschek & Cori

lich und etwas unterhalb von ihr gehen die beiden Seitenarterien (Arteriae laterales cephalicae) aus, die die Antennulae, die Antennen, die Antennendrüse und die vordere dorsale Innenwand des Carapax versorgen. An der vorderen Unterseite des Herzens entspringen schließlich noch die beiden Leberarterien (Arteriae hepaticae), die zum Hepatopankreas und zu den Gonaden ziehen. Das Hinterende des Herzens verläßt die hintere Aorta (Aorta dorsalis pleica oder A. posterior). Sie ist bei den Decapoden unpaar, kann bei anderen Malacostracen aber auch paarig sein. Sie läuft oberhalb des Darmkanals ins Abdomen und versorgt gleichfalls die Gonaden sowie Muskulatur und Extremitäten des Abdomens. Die Aorta descendens entspringt gleichfalls am hinteren Herzende, zieht dann senkrecht nach unten, links oder rechts am Darm vorbei und durchbohrt zwischen dem 3. und 4. Laufbeinsegment das Bauchmark. Hierauf mündet sie in die Arteria subneuralis, die unterhalb der Bauchganglienkette den gesamten Körper vom Unterschlundganglion bis zum Telson durchzieht. Die Arteria subneuralis versorgt das Bauchmark, die Mundgliedmaßen und Thoraxbeine, die Pleopoden und Teile der Abdominalmuskulatur.

Nachdem das Blut durch die Gewebslücken geströmt ist, sammelt es sich im Sinus ventralis, der rechts oder links des Darmes verläuft. Am Fuße der Kiemen liegen die Branchialsinus, die das venöse Blut in die Kiemen leiten. Durch die Vasa branchiocardiaca gelangt das arterielle Blut ins Pericard und durch 3 Ostienpaare wieder ins Herz.

Das Gefäßsystem der meisten anderen Malacostracen hat mit geringen Abwandlungen die gleiche Ausbildung wie das der Decapoden. Ein sehr langgestrecktes Herz besitzen die Leptostracen, es reicht von der Maxillargegend bis ins 7. Abdominalsegment und verfügt über 7 Ostienpaare, weiter die Anaspidaceen mit einem Herzen vom 1.—8. Thoraxsegment, die Tanaidaceen, bei denen das Herz von der hinteren Kopfgegend bis ins letzte Thoraxsegment zieht, aber nur 2 Paar Ostien hat. Sekundär verlängert ist das Herz der Stomatopoden, bei denen es infolge der Ausbildung sekundärer Abdominalkiemen von der Maxillargegend bis ins 5. Abdominalsegment reicht und 13 Ostienpaare besitzt. Eine Verkürzung des Herzschlauches ist bei den Euphausiaceen (im hinteren Thoraxteil mit 2 Paar Ostien), den Cumaceen (im hinteren Thoraxteil mit 3 Ostienpaaren) und z. T. auch bei den Amphipoden eingetreten. Bei den Isopoden liegt das Herz mit seinem Hauptteil im Abdomen (sekundäre Abdominalkiemen!).

Als Gefäße treten auf: immer eine unpaare vordere Aorta, fast stets eine unpaare oder paarige hintere Aorta.

Die vorderen Seitenarterien und die Aorta descendens sind gleichfalls bei einigen Ordnungen vorhanden.

Die anderen Klassen der Crustaceen verfügen nur über ein sehr schwach ausgebildetes Gefäßsystem, da bei ihnen wegen der Kleinheit der meisten Arten nicht so hohe Anforderungen an den Stofftransport gestellt werden. Es tritt meist nur eine sehr kurze vordere Aorta auf, und im übrigen strömt das Blut in Gewebslücken. Das Herz ist bei den Phyllopoden ursprünglich schlauchförmig und besitzt bei den Notostracen 11 Ostienpaare. Bei den Conchostracen hat es nur noch 3 oder 4 Paar Ostien, und bei den Cladoceren schließlich ist es sackförmig geworden und mit nur 1 Paar Ostien ausgestattet. Die ursprünglichsten Verhältnisse treffen wir bei den Anostracen an, wo der Herzschlauch von der hinteren Kopfgegend bis ins Analsegment zieht und in jedem Segment ein Ostienpaar hat. Die Ostracoden und Copepoden besitzen meist überhaupt kein Gefäßsystem. Nur bei einigen Arten dieser Klassen ist ein kurzes, sackförmiges Herz vorhanden, das dann mit 1 Ostienpaar (Ostracoden) bzw. mit einem Paar und einem unpaaren Ostium (Copepoden) ausgerüstet ist. Etwas länger ist das Herz der Branchiuren, das im hinteren Thoraxteil liegt und 2 Ostienpaare besitzt.

Erwähnt sei noch, daß manchmal auch bestimmte Arterienteile Kontraktionsvermögen haben und dann als akzessorische Herzen wirken.

Das Blut, das neben dem Sauerstoff- auch dem Nahrungstransport dient, ist meist eine farblose, klare Flüssigkeit. Manchmal treten auch rötliche oder bläuliche (Haemocyan) Färbungen auf. Es enthält amoeboide Leucocyten, die bei den Malacostracen in bestimmten Blutdrüsen gebildet werden, bei den anderen Klassen diffus im Bindegewebe entstehen.

d) Exkretion

Der Ausscheidung der Stoffwechselprodukte dienen die Nephridien, daneben oft auch Nephrocyten und Nephrophagocyten. Für Teile des Mitteldarmepithels und vor allem für die Kiemen konnte ebenfalls exkretorische Funktion nachgewiesen werden.

Bei allen Crustaceen haben wir ursprünglich 2 Paar Nephridien anzunehmen, die Antennendrüse und die Maxillendrüse (oft auch Schalendrüse genannt) [Abb. 1]. Die erste mündet an der Basis der Antenne, die zweite im Segment der Maxille nach außen. Beide sind nach dem gleichen Prinzip gebaut und bestehen aus dem Coelomsack oder Endsäckchen und dem meist mehrfach gewundenen Nephridial- oder Harnkanal, der vor seiner Ausmündung oft eine Sammelblase bildet. Am Übergang des Endsäckchens in den Nephridialkanal bilden einige Zellen, die Trichterzellen, ein Ventil (Abb. 13). Manchmal entsteht an dieser Stelle auch ein Sphinkter. Die ontogenetische Herkunft der Nephridien ist zweifellos dieselbe wie bei Anneliden und Onychophoren, wo sie aus der epithelialen Wand der Ursegmente entstehen. Obwohl ein direkter Nachweis bisher nur in ganz wenigen Fällen glückte, kann angenommen werden, daß auch bei den Crustaceen Endsäckchen und proximaler Teil des Harnkanals mesodermalen Ursprungs sind, während der distale Teil des Harnkanals durch Ectodermeinstülpung entsteht.

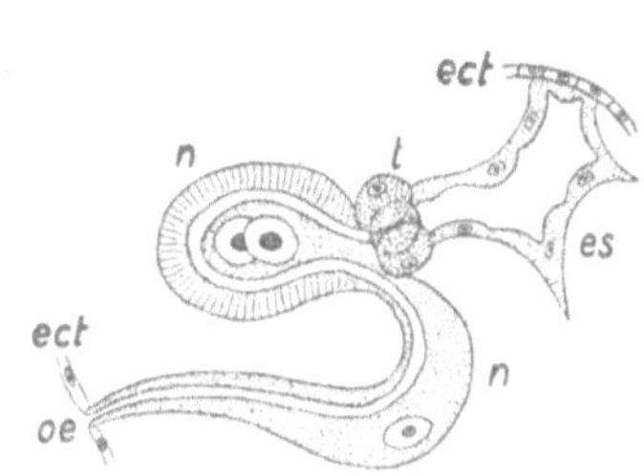

Abb. 13. Antennendrüse des Metanauplius eines Conchostracen *(Phyllopoda)*. *ect* Ectoderm, *es* Endsäckchen, *n* Nephridialkanal, *oe* Öffnung des Kanals, *t* Trichterzellen. Nach Cannon (1924)

Alle Krebse besitzen in der Regel nur eines der beiden Nephridienpaare. Bei den erwachsenen *Phyllopoda, Ostracoda, Anostraca, Branchiura* und *Cirripedia* treffen wir die Maxillendrüse an. Viele Larven dieser Klassen haben jedoch die später rudimentierende Antennendrüse als Exkretionsorgan, entweder allein oder zusammen mit der Maxillendrüse. Die Ostracoden besitzen auch als erwachsene Tiere beide Organe. Die Zementdrüse der

Cirripedia wird übrigens als umgewandelte Antennendrüse betrachtet. Unter den *Malacostraca* kommt den *Leptostraca, Euphausiacea, Decapoda, Mysidacea* und *Amphipoda* eine Antennendrüse zu, während bei den *Anaspidacea, Stomatopoda, Cumacea, Tanaidacea* und *Isopoda* eine Maxillendrüse auftritt. Auch hier kann bei Larven das zweite Drüsenpaar vorhanden sein.

Bei den Decapoden, bei denen die physiologischen Vorgänge am besten bekannt sind, weist der Nephridialkanal oft starke Differenzierungen auf. Beim Flußkrebs läßt die auseinandergelegte Antennendrüse folgende Teile erkennen (Abb. 14). Am proximalen Ende liegt das kleine Coelomsäckchen, in dem der primäre Harn gebildet wird und zum Teil auch Sekretionsprezesse stattfinden. In der Hauptsache erfolgt die Sekretion jedoch in dem anschließenden Labyrinth, das aus einem Netzwerk kleiner Kanälchen und Bläschen besteht. Die leuchtend grün gefärbten Sekretkugeln haben der Antennendrüse des Flußkrebses den Namen grüne Drüse eingetragen. Der nun folgende Nephridialkanal (im engeren Sinne) ist nur bei Süßwasser-Decapoden gefunden worden, er fehlt den marinen Arten. Es wird vermutet, daß in diesem Abschnitt die Rückresorption von Wasser stattfindet. Harnblase und Harnleiter bilden den distalen Teil des Organs. Die Entleerung des Harns geschieht nur durch den im Innern entstehenden Flüssigkeitsdruck, nicht durch Muskeldruck.

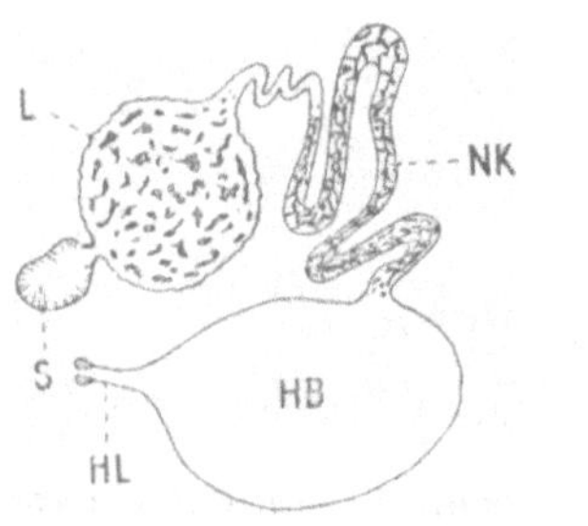

Abb. 14. Antennendrüse von *Astacus astacus* (L.) *(Decapoda)*, auseinandergelegt. *HB* Sammelblase, *HL* Harnleiter, *L* Labyrinth, *NK* Nephridialkanal, *S* Endsäckchen. Nach Marchal (1892)

Die Antennendrüse der Decapoden scheidet vor allem Harnstoff und Harnsäure aus, während die Exkretion des Ammoniaks zum größten Teil den Kiemen obliegt. Die Mitteldarmdrüse ist besonders für die Ausscheidung von Giftstoffen von großer Bedeutung. Nephrocyten liegen bei den Decapoden vor allem im Stamm der Kiemen. Sie sammeln Exkretstoffe, bis diese in kristalliner Form ausfallen. Im Bindegewebe kommen Nephrophagocyten vor.

8. Geschlechtsorgane

Die Geschlechter sind bei fast allen Krebsen getrennt. Nur die meisten Cirripedien, einige parasitische Isopoden und vereinzelte Arten aus anderen Ordnungen

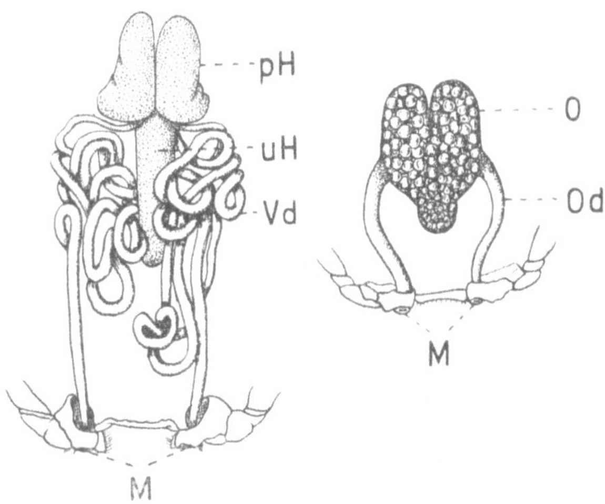

Abb. 15. Gonaden von *Astacus astacus* (L.) *(Decapoda)*. a. Hoden. *M* Geschlechtsöffnung in der Coxa des 5. Laufbeins (8. Thoraxsegment), *pH* paariger Hodenteil, *uH* unpaarer Hodenteil, *Vd* Vas deferens. b. Ovar. *M* Geschlechtsöffnung in der Coxa des 3. Laufbeins (6. Thoraxsegment), *O* Ovar (vorn paarig, hinten unpaar), *Od* Ovidukt. Nach Huxley (1880)

sind Zwitter, während Parthenogenese bei manchen Phyllopoden, Ostracoden und Isopoden vorkommt (vgl. systematischer Teil).

Die Gonaden sind paarige, schlauch- oder seltener sackförmige Gebilde und oftmals mit Divertikeln, die verzweigt sein können, versehen. Sie liegen dorsal vom Darm, zwischen diesem und dem dorsalen Blutgefäßsystem (Abb. 1).

In vielen Fällen treten rechte und linke Gonade, wenigstens in einem bestimmten Abschnitt, zu einem unpaaren Gebilde zusammen. Die Ausführgänge sind gleichfalls paarig, aber auch sie können im distalen Teil unpaar werden. Die Geschlechtsöffnungen liegen auf der Ventralseite eines Körpersegments, entweder im Sternit selbst oder in der Coxa der zugehörigen Extremität (Abb. 15). In manchen Fällen (z. B. Cladoceren) liegen die Öffnungen auch dorsal. Bei den Malacostracen münden die Ausführgänge der ♂ im 8., die der ♀ im 6. Thoraxsegment. Bei den anderen Klassen liegen die Geschlechtsöffnungen bei beiden Geschlechtern meist im gleichen Segment. Das Genitalsegment kann sich hier im Thorax wie im Abdomen befinden.

Die Eileiter oder Ovidukte haben oft drüsige Abschnitte, in denen sekundäre Eihüllen oder Kittsubstanzen zum Zusammenkleben oder Anheften der Eier sezerniert werden. Entsprechende Abschnitte können auch die Samenleiter oder Vasa deferentia aufweisen, in denen dann die Hüllen der bei vielen Crustaceen vorkommenden Spermatophoren abgeschieden werden. Die Ovidukte können sich in ihrem Endteil zu einem Receptaculum seminis erweitern, in manchen Fällen speichert das ♀ die Spermien jedoch auch in Taschen, die mit dem Eileiter in gar keiner Verbindung stehen, wie es auch vorkommt, daß dem ♀ Spermatophoren einfach an die Körperwand angeklebt werden. Manchmal münden die Vasa deferentia auf einem ausstülpbaren Penis, und oft sind die der männlichen Geschlechtsöffnung benachbarten Extremitäten zu Hilfsorganen der Begattung umgebildet.

Die im Keimlager des Ovars gebildeten Eier sind kugelig, selten elliptisch. Die Spermien sind von sehr verschiedener Gestalt und zum Teil von erheblicher Größe. Kugelige oder elliptische, meist beinahe unbewegliche Samenzellen treten auf bei Phyllopoden, Copepoden, Stomatopoden, Euphausiaceen und Decapoden; bei den letztgenannten sind sie durch Fortsätze oft bizarr geformt. Lange, mehr oder weniger fadenförmige Spermien besitzen die Ostracoden (bis 10fache Körperlänge), die Cirripedien, Anaspidaceen und die Peracariden.

Die Urgeschlechtszellen sondern sich vielfach schon in den ersten Teilungsschritten ab. Die Keimbahn ist also bei den Crustaceen oft sehr weit zurück zu verfolgen. Indem sich mesodermale Belegzellen um die Urgeschlechtszellen anordnen, entsteht die Anlage der Gonade. Die Ausführgänge, die oft recht spät angelegt werden, entstehen dadurch, daß eine Zellanhäufung der Mesodermbekleidung am Ende der Gonade zum Ei- bzw. Samenleiter auswächst. Der distale Endteil der Gänge ist ectodermaler Herkunft.

Interessant ist, daß kürzlich bei einem Amphipoden *(Orchestia)* am terminalen Ende des Vas deferens ein Zellhaufen entdeckt wurde, der, einem ♀ implantiert, bei diesem die Umbildung des Ovars in einen Hoden mit normaler Spermatogenese veranlaßte. Das entdeckte Organ scheint also eine endokrine Drüse mit direktem Einfluß auf die Gonaden zu sein.

Begattung der ♀ und Befruchtung der Eier sind bei den meisten Krebsen durch eine mehr oder weniger lange Zeitspanne getrennt. In vielen Fällen häutet sich das ♀ nach der Begattung und legt dann das sogenannte Brutkleid an. Die Befruchtung kann im Ovar, im Eileiter oder auch im Brutraum des ♀ vollzogen werden.

Die allermeisten Crustaceen treiben Brutpflege, indem sie die Eier in Bruträumen oder an den Extremitäten mit sich herumtragen. Erst die schlüpfenden Larvenstadien gehen dann zum selbständigen Leben über. Nur ganz wenige Arten (z. B. *Branchiura*, primitive *Decapoda*) legen die Eier frei ab.

9. Entwicklung und Larvenformen

Die Crustaceen durchlaufen grundsätzlich eine indirekte Entwicklung, d. h. aus dem Ei schlüpft eine Larvenform, die erst im Laufe mehrerer weiterer Larvenstadien zum adulten Tier umgebildet wird. Nur bei einigen Gruppen mit sehr weitgehender Brutpflege verlassen die Jungtiere das Ei in einer dem erwachsenen Tier bereits weitgehend ähnlichen Gestalt (Cladoceren, verschiedene Ostracoden, Leptostracen, Flußkrebse, Peracariden). Die Larven bewahren immer typische Crustaceen-Merkmale, auch wenn die adulten Tiere völlig abgewandelt und deformiert sind. Viele solcher stark veränderten Formen (vor allem Parasiten) konnten überhaupt erst auf Grund ihrer Larven als Crustaceen erkannt werden.

Die im allgemeinen sehr dotterreichen Eier furchen sich meist superfizial. Nicht wenige Arten zeigen aber trotz mehr oder weniger reichen Dottergehalts ihrer Eier Totalfurchung, die bis zur Blastulabildung zu verfolgen ist. Unter Umständen hat die Totalfurchung in den ersten Teilungsschritten sogar Anklänge an den Spiraltypus. Häufig beginnt auch die Entwicklung mit einer Totalfurchung, um dann in eine superfiziale Furchung überzugehen.

So vielseitig wie die Furchung ist auch die Keimblätterbildung. Man kann Invagination mit deutlicher Blastoporusbildung, Invagination mit anschließender Einwucherung und reine Einwucherung unterscheiden.

Die Embryonalentwicklung führt schließlich zu einer Larvenform, die als Nauplius bezeichnet wird und die entweder die Eihülle verläßt und frei umherschwimmt oder aber noch weitere Entwicklungsschritte im Ei durchmacht. Der Nauplius (Abb. 16) besitzt 3 Extremitätenpaare, die 1ästigen Antennulae, die 2ästigen Antennen und die ebenfalls spaltfüßigen Mandibeln. Diese Gliedmaßen dienen zum Rudern, teilweise auch zur Nahrungsaufnahme. Zwischen den Antennulae liegt das unpaare Naupliusauge. Ein kurzer Darm mit Mund und After, sowie ein Paar Antennendrüsen sind vorhanden. Als Nauplius verlassen die Copepoden, einige Ostracoden, die Cirripedien und Euphausiaceen das Ei. Es treten dann meist 2 Naupliusstadien auf.

Auf den Nauplius folgt der Metanauplius. Er zeichnet sich durch weitere Extremitätenanlagen aus (Abb. 17).

Als Metanauplius verlassen die Phyllopoden (außer Cladoceren), die Anostracen und wenige primitive Decapoden das Ei. Wie der Nauplius durchläuft auch der Metanauplius in der Regel 2 Stadien.

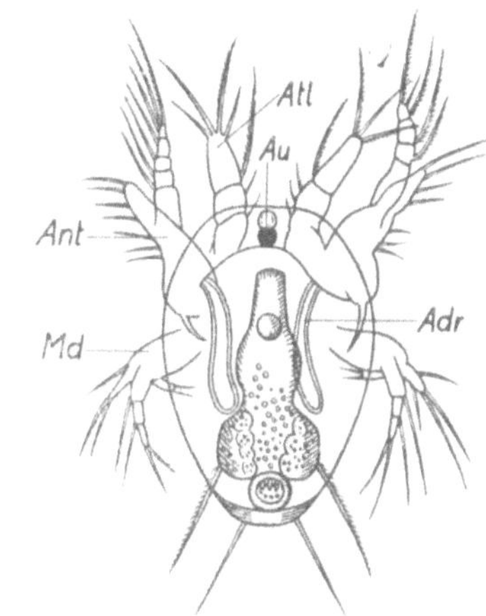

Abb. 16. Nauplius von *Cyclops (Copepoda)*. *Adr* Antennendrüse, *Ant* Antenne, *Atl* Antennula, *Md* Mandibel, *Au* Naupliusauge. Nach Claus

Bei den Copepoden folgt auf den Metanauplius der für die gesamte Klasse charakteristische Copepodit. Es gibt ursprünglich 6 Copepoditstadien, die Zahl kann aber auch reduziert sein. Im Laufe der 6 Stadien findet eine fortschreitende Entwicklung und Differenzierung der Thoraxgliedmaßen statt, so daß das letzte Stadium schon sehr weitgehend den erwachsenen, frei lebenden Ruderfußkrebsen gleicht. Die durchgreifenden Umbildungen extrem abgewandelter Parasiten unter den Copepoden treten erst nach dem letzten Copepoditstadium auf.

Die typische Larvenform der Cirripedien ist die Cypris-Larve, die aus dem Metanauplius hervorgeht und eine 2klappige Schale besitzt, so daß sie äußerlich einem Ostracoden ähnlich sieht (was ihr Name ausdrücken soll). Die Cypris-Larve ist eine Schwärm-Larve, die für die Verbreitung der fast ausnahmslos festsitzenden Rankenfüßer sorgt.

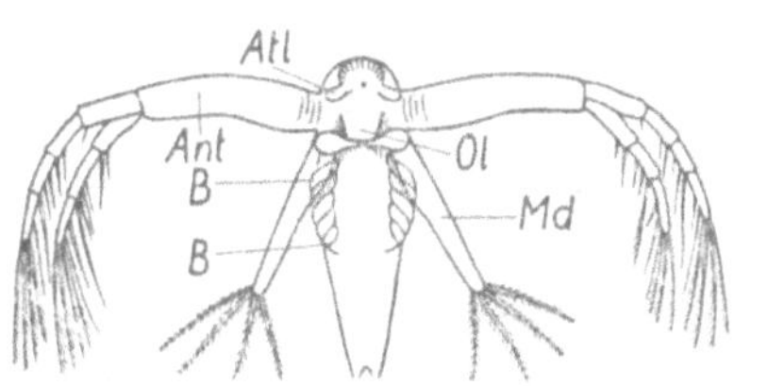

Abb. 17. Metanauplius von *Leptodora kindtii* (Focke) *(Phyllopoda)*. *Ant* Antenne, *Atl* Antennula, *B* Extremitätenanlagen, *Md* Mandibel, *Ol* Oberlippe. Nach G. O. Sars (1873)

Unter den Malacostracen ist eine deutliche Tendenz zur Unterdrückung frei schwimmender Larvenstadien zu beobachten. Nur einige Ordnungen, wie Stomatopoden, Euphausiaceen und Decapoden, entlassen aus dem Ei Larven in einem weniger weit fortgeschrittenen Entwicklungszustand. Diese Larven hat man früher oft für eigene Arten gehalten und so auch mit eigenen Namen belegt. Die bekannteste unter ihnen ist die Zoëa der Decapoden (Abb. 18). Sie hat einen etwas aufgetriebenen Cephalothorax und ein langgestrecktes, gegliedertes Abdomen. Die hinteren Thoraxbeine sind stummelförmig angelegt, dem Abdomen fehlen, bis auf das letzte Paar (Uropoden), Extremitäten. Die Augen sind bereits gestielt. Auf die Zoëa folgt das Mysis-Stadium und auf dieses das Decapodid-Stadium, das dem erwachsenen Tier schon sehr ähnlich ist.

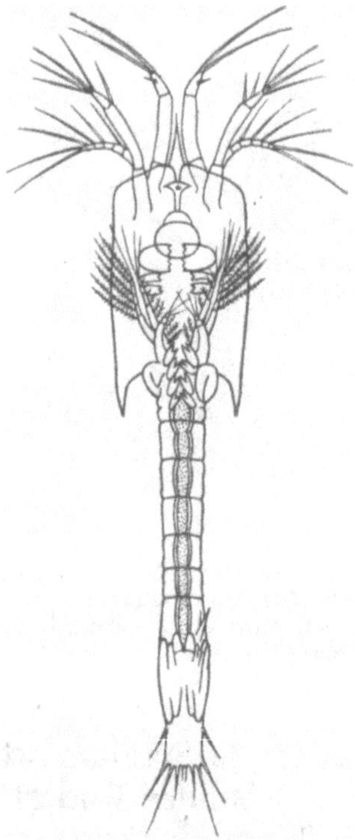

Abb. 18. Zoëa von *Leucifer* (*Decapoda*). — Nach Brooks

Besonders auffällige Entwicklungsabläufe sind weiter unten im systematischen Teil bei den einzelnen Klassen und Ordnungen geschildert.

10. Stammesgeschichte

Die *Crustacea* bilden mit den *Tracheata* eine als *Mandibulata* bezeichnete Arthropoden-Gruppe. Die Angehörigen dieser beiden Unterstämme besitzen echte Kaukiefer. Ihnen stehen die *Trilobitomorpha* und die *Chelicerata* gegenüber, denen Kaukiefer fehlen (Abb. 19). Die Trennung der beiden Hauptzweige der

Arthropoden muß schon im Praekambrium erfolgt sein; denn im Kambrium, das uns die frühesten, stammesgeschichtlich verwertbaren palaeontologischen Dokumente liefert, war sie bereits vollzogen. *Crustacea* und *Tracheata* einerseits sowie *Trilobitomorpha* und *Chelicerata* andererseits sind auf gemeinsame Arthropoden-Ahnen zurückzuführen, die ihrerseits wieder von anneliden-ähnlichen Formen abstammen.

B. ÜBERSICHT ÜBER DAS SYSTEM

Die bisher übliche Einteilung der Crustaceen in *Entomostraca* und *Malacostraca* ist nach den modernen Gesichtspunkten der Systematik nicht mehr haltbar. Im Gegensatz zu den *Malacostraca* stellen die *Entomostraca* eine heterogene, lediglich durch negative Merkmale charakterisierte Gruppe dar, so daß ein enger Zusammenschluß der hierher gestellten Krebse nicht gerechtfertigt ist. Wir trennen deshalb die *Crustacea* in 9 Klassen, deren gegenseitige Verwandtschaftsbeziehungen allerdings noch nicht restlos geklärt sind (Abb. 19).

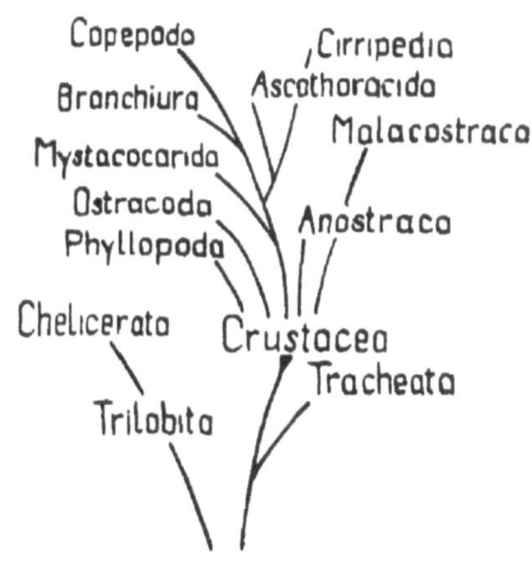

Abb. 19. Phylogenie der Crustaceen-Klassen. — Nach Remane

Die im folgenden bei den einzelnen Ordnungen aufgeführten Familien und Gattungen sind nur Beispiele, die Aufzählung kann in diesem Rahmen selbstverständlich nicht vollständig sein.

1. Klasse: *Phyllopoda* (Blattfußkrebse)

Kennzeichen: Mit napfförmiger oder 2klappiger Schale. Abdomen („Postabdomen") ohne Extremitäten. Komplexaugen in eine Augenkammer versenkt und mit der Tendenz, median zu verschmelzen. Naupliusauge meist vorhanden. Mit 4—6 oder 10 bis über 40 Beinpaaren.

Die Phyllopoden sind fast ausschließlich Süßwasserbewohner. Manche Arten kommen zu bestimmten Jahreszeiten oft in riesiger Individuenzahl vor. Vor allem die Cladoceren spielen daher, wenigstens indirekt, eine große Rolle für die Ernährung der Süßwasserfische (die gleiche Bedeutung haben im Meer die *Copepoda*). Bevorzugter Aufenthaltsort sind stehende oder doch nur ganz langsam fließende Gewässer.

Der Kopf ist bei den Conchostracen und den meisten Cladoceren stark abwärts gegen den Rumpf abgeknickt. Die Mundgliedmaßen sind zum Teil weitgehend zurückgebildet. So ist die Maxillula bei den Cladoceren zu einer kleinen, gebogenen und völlig ungegliederten Platte geworden, und die Maxille stellt bei ihnen einen winzigen, mit Borsten besetzten Höcker dar.

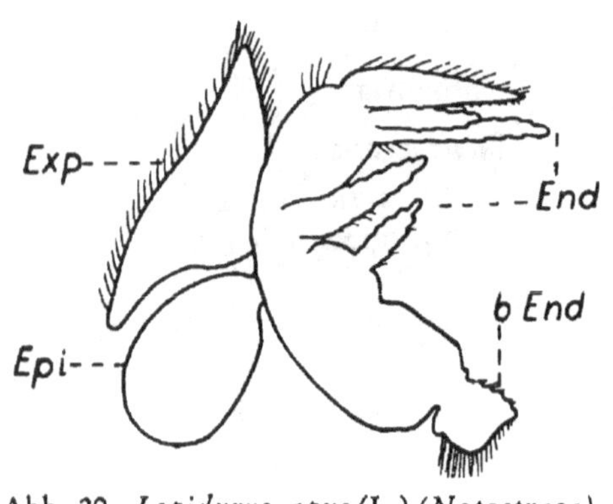

Abb. 20. *Lepidurus apus* (L.) (*Notostraca*). 2. Rumpfbein. *bEnd* basaler Endit, *End* Enditen, *Epi* Epipodit (Kieme), *Exp* Exopodit. Diesem Blattbein fehlen die langen Filterborsten. Das Bein ist im Präparat flach gedrückt!

Die Rumpfgliedmaßen sind in der Regel Blattbeine (Abb. 20). Sie werden bei den Gruppen mit vielen Beinpaaren (*Notostraca, Conchostraca*) zum Körperende hin immer kleiner und weniger differenziert. Die Bezeichnung der einzelnen Teile des Beines wird meist in Anlehnung an das Spaltbein der Krebse durchgeführt, eine Homologie zwischen den beiden Extremitätentypen darf man hieraus allerdings nicht ersehen (vgl. Abb. 4). Die Blattbeine dienen in der Hauptsache dem Nahrungsfang, und je nach der Ernährungsweise sind sie unbeborstet (z. B. *Notostraca*) oder aber mit langen Reihen von Filterborsten versehen

(z. B. viele *Cladocera*). Der Mechanismus des Nahrungserwerbes ist ähnlich dem der *Anostraca* (s. S. 54). Bei den *Onychopoda* und *Haplopoda* sind die Blattbeine durch 1ästige Gliederextremitäten ersetzt, denen auch die Exite und Endite fehlen; sie sind mit kräftigen Stacheln bewehrt und weit nach vorn gerückt, so daß sie unter dem Mund eine Art Fangkorb bilden. Mit diesen Raubbeinen kann die Beute aktiv ergriffen werden.

Eine scharfe Grenze zwischen Thorax und Abdomen ist nicht zu ziehen, zumal auch die Geschlechtsöffnungen bei ♂ oder ♀ oft in ganz verschiedenen Körpersegmenten liegen. Das extremitätenlose Körperende bezeichnet man meist als Postabdomen.

Die Notostracen besitzen lange Furcalanhänge. Bei den allermeisten Conchostracen und Cladoceren ist das Postabdomen nach unten-vorn umgebogen, an die Stelle der Furca sind gebogene Krallen getreten, und vor diesen Endkrallen stehen dorsal meist noch kleinere Krallen und Zähne. Den so entstandenen Kammapparat bezeichnet man als Abreptor. Er dient zum Reinigen der Borstenbesätze der Filterbeine.

An dem ursprünglich gebauten Nervensystem sind sämtliche Ganglien, selbst die der Mundgliedmaßen, völlig getrennt. Das aus 4 Becherocellen zusammengesetzte Naupliusauge fehlt nur in ganz wenigen Fällen. Die Komplexaugen sind stets sitzend. Sie sind in eine Augenkammer versenkt, die sich entweder noch durch einen Porus nach außen öffnet *(Notostraca, Conchostraca)* oder aber völlig geschlossen ist *(Cladocera)*. Bei den Conchostracen sind die Augen unvollkommen, bei den Cladoceren vollkommen verschmolzen. Das so entstandene Medianauge ist bei den planktischen Arten und den Räubern unter den Cladoceren am größten (bis 300 Ommen), bei den am Boden lebenden Formen am kleinsten. Farbsehen ist nachgewiesen.

Das Herz ist bei den Notostracen sehr lang (11 Ostienpaare), bei den Cladoceren aber zu einem sackförmigen Gebilde mit nur einem Ostienpaar geworden. Der Atmung dienen die Epipodite der Beine, zum Teil auch die übrige

Körperoberfläche. Exkretionsorgan ist die Maxillendrüse. Die Antennendrüse ist rudimentär und nur noch bei einigen Larven funktionstüchtig.

In der Entwicklung tritt bei den *Notostraca, Conchostraca* und bei *Leptodora* unter den Cladoceren ein Metanauplius (Abb. 17) auf, alle anderen *Cladocera* entwickeln sich direkt.

1. Ordnung: *Notostraca*

Körper (4 cm und länger) dorsoventral abgeflacht. Kopf und die beintragenden Rumpfsegmente von einem napfförmigen Carapax bedeckt. Komplexaugen dicht nebeneinander im Kopfschild, nahe vor ihnen das Naupliusauge. Antennulae als kleine Stäbchen auf der Ventralseite des Kopfschildes, Antennen fast völlig reduziert. Furcalanhänge lang, fadenförmig und aus vielen Gliedern zusammengesetzt.

Die ersten 11 Rumpfsegmente tragen je ein Blattbeinpaar, die folgenden Segmente können mit 2—6 Beinpaaren ausgestattet sein (Polypodie = Vielbeinigkeit). Dies ist wohl darauf zurückzuführen, daß die Gliederung teilweise unterblieben ist und deutet auf das hohe Alter der Gruppe. Die Beinzahl beträgt meist über 40 Paare. Das erste Paar hat echte Gelenke und langgestreckte Endite. Es dient zum Laufen und Klettern. Die folgenden Beine bilden Saugkammern. Es fehlen ihnen allerdings die Filterborsten an den Enditen (Abb. 20). Die Notostracen führen nämlich eine räuberische Lebensweise. Sie raspeln mit den Endopoditen der Beine den Untergrund auf und ernähren sich von den dort vorkommenden Lebewesen. Zum Teil werden sogar recht große Beutetiere, wie Anostracen und Insektenlarven, überwältigt.

Die Ausführgänge der Geschlechtsdrüsen münden im 11. Rumpfsegment. Bei den ♀ ist das 11. Beinpaar zu einer Bruttasche geworden, indem sich die Exite zu einer 2klappigen Kapsel zusammenlegen, die die Eier aufnimmt. Die ♂ sind in unserem Gebiet äußerst selten oder fehlen ganz. Die

Fortpflanzung erfolgt dann eingeschlechtlich. Nach dem Süden hin nimmt die Zahl der ♂ zu.

Die Notostracen leben ausschließlich im Süßwasser. Sie sind zwar gute Schwimmer, halten sich aber vorwiegend am Boden ihrer Wohngewässer auf, wo sie unter Biegen und Strecken des Körpers im Schlamm kriechen.

Fam. *Triopsidae.* In Europa u. a.: *Lepidurus apus* (L.), Kaltwasserform, die kurz nach der Schneeschmelze auftritt und im April-Mai wieder verschwindet. *Triops cancriformis* Bosc, Warmwasserform, die von April-Mai bis zum September anzutreffen ist.

2. Ordnung: *Onychura*

Mit 2klappiger Schale, die den Körper fast völlig einschließt. Mit 4—6 oder 10—ca 30 Beinpaaren. Antenne deutlich 2ästig, der Lokomotion dienend. Eier werden vom ♀ in einen dorsalen, zwischen Körper und Schale gelegenen Brutraum abgelegt. ♂ mit Klammerorganen am 1. und 2. Rumpfbeinpaar. Abdomen zu einem Abreptor geworden.

1. Unterordnung: *Conchostraca.* Der seitlich zusammengedrückte Körper ist von dem 2klappigen Carapax fast völlig umhüllt. Nur der zu einem Rostrum ausgezogene Kopf kann ganz oder teilweise vorgestreckt werden. Es sind 10—ca. 30 gleichartig gebaute Beinpaare vorhanden. Die Schale zeigt bei den meisten Arten konzentrische Zuwachsstreifen (Abb. 21), da bei der Häutung die alte Schale nicht abgeworfen wird, sondern wie ein Dachziegel auf der neuen, größeren liegen bleibt. Die Schalen werden 10—15 mm lang. Sie haben ein dorsales Gelenk und einen Schließmuskel. Die Komplexaugen sind unvollkommen verschmolzen.

Die Tiere sind meist Schlammfresser, daneben aber auch Verzehrer von Kleintieren. An den Blattbeinen stehen keine Filterkämme, sondern einzelne Endite, die die Nahrungsteile ergreifen und in die Bauchrinne befördern. Die Conchostracen erinnern in ihrer Lebensweise an Muscheln;

sie stecken mit dem Kopf im Schlamm. Daneben können sie aber auch mit Hilfe sehr schneller Schläge der Antennen gleichmäßig gleitend und etwas taumelnd schwimmen. Sie bewohnen bevorzugt Teiche, die im Sommer austrocknen.

Da die ♂ oft stark in der Minderzahl sind, ist die Fortpflanzung zum Teil parthenogenetisch. Die Eier werden in den dorsalen Brutraum abgelegt und an fadenartige Verlängerungen angeklebt, die von dem obersten Exiten einiger mittlerer Beinpaare ausgehen (Abb. 21).

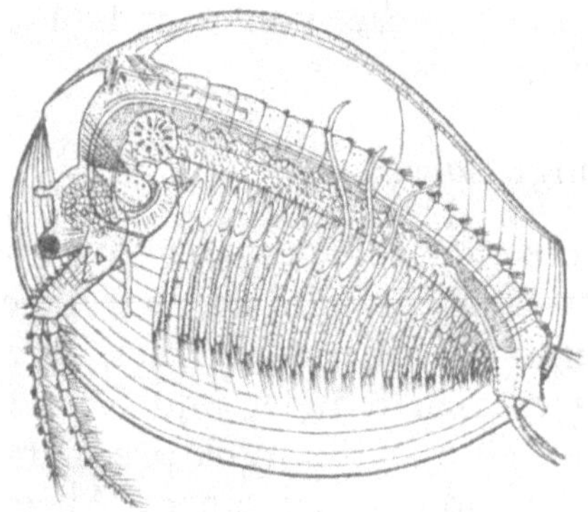

Abb. 21. *Limnadia lenticularis* (L.) (*Conchostraca*). Linke Schale entfernt. Nat. Länge bis 17 mm. — Nach G. O. Sars

Es sind 5 Familien bekannt, von denen 4 mit je einer Art in Deutschland vorkommen, z. B. *Lynceus brachyurus* O. F. Müller, *Limnadia lenticularis* (L.).

2. Unterordnung: *Cladocera* (Wasserflöhe). Die 2klappige Schale läßt den Kopf stets frei. Die Komplexaugen sind median vollständig verschmolzen. Es sind 4—6 Beinpaare vorhanden.

Außer den *Onychopoda* und *Haplopoda*, die ihre Beute willkürlich ergreifen, ernähren sich die Wasserflöhe durch Filtration. Durch die oft außerordentlich schnell schlagenden Beine wird ein Wasserstrom erzeugt, der vornventral zwischen den Schalenklappen eintritt, von den Borstenkämmen der Beine ausfiltriert wird und der dann in einem geregelten Abstrom den Fangraum hinten wieder verläßt. Der Filtermechanismus scheint je nach dem spezifischen Bau der Beine und der Weite der Schalenöffnung etwas zu variieren.

Das bevorzugte Wohngewässer sind pflanzenreiche Seen und Teiche, wo sich die Wasserflöhe zwischen der Vegetation oder im Schlamm aufhalten oder aber im freien Wasser als Plankter leben. Das Meer und die Brackgewässer großer Flußmündungen beherbergen nur ganz wenige Arten (einzige Meeresbewohner unter den Phyllopoden). Das Schwimmen erfolgt durch Schläge der Antennen und geschieht in der für die Wasserflöhe (Name!) typischen hüpfenden Weise. Gleichzeitig stellen bei vielen Arten die Antennen mit ihren langen Borsten eine Art Fallschirm dar, der die Sinkgeschwindigkeit herabsetzt.

Die Eier werden von den ♀ in den dorsalen Brutraum abgelegt. Bei den *Onychopoda* und *Haplopoda* ist die Schale stark verkürzt und hängt nur noch dem Rücken an. Außerdem sind hier ihre Ränder sekundär mit dem Körper verwachsen, so daß ein allseitig geschlossener Brutraum entsteht. Die Fortpflanzung ist in der Regel eine Heterogonie, indem zweigeschlechtliche mit eingeschlechtlicher Vermehrung regelmäßig wechselt. Aus den befruchteten „Dauereiern“ schlüpfen nach einer mehr oder weniger langen Ruhepause immer nur ♀, die schnell heranwachsen und sich ohne Befruchtung entwickelnde „Subitan- oder Sommereier“ erzeugen. Es können dann noch einige weitere parthenogenetische Generationen folgen, die sich immer nur aus ♀ zusammensetzen. Die letzte Generation erzeugt dann, ebenfalls eingeschlechtlich, sowohl ♂ wie ♀. Die befruchteten Eier dieser ♀ werden zu den Dauereiern, die frei ins Wasser abgesetzt oder aber in Teile des Carapax eingehüllt werden. Die Schalen mit Dauereiern nennt man Ephippium. Der ganze Cyclus wird von manchen Arten nur einmal im Jahr durchlaufen (Bildung der Dauereier im Herbst). Bei anderen treten im Laufe des Jahres mehrere Cyclen auf. *Daphnia* und *Bosmina* zeigen in Verbindung mit der cyclischen Fortpflanzung Veränderungen der Gestalt (Cyclomorphose).

1. Tribus: *Ctenopoda.* Carapax umschließt Rumpf und Extremitäten. Mit 6 Paar nahezu gleichartig gebauten Blattbeinen. *Sida* Straus, *Latona* Straus, *Holopedium* Zaddach u. a.

2. Tribus: *Anomopoda.* Carapax umhüllt Rumpf und Extremitäten. Mit 5, seltener 6 Paar ungleichen Blattbeinen. Hierher

die große Masse der Wasserflöhe. *Daphina* O. F. Müller, *Bosmina* Baird, *Macrothrix* Baird, *Alona* Baird, *Chydorus* Leach und viele andere.

3. Tribus: *Onychopoda.* Carapax dem Körper dorsal anhängend. Mit 4 Paar 1ästigen Gliederbeinen. *Bythotrephes* Leydig, *Polyphemus* O. F. Müller u. a.

4. Tribus: *Haplopoda.* Carapax dem Körper dorsal anhängend. Mit 6 Paar 1ästigen Gliederbeinen. Nur *Leptodora* Lilljeborg.

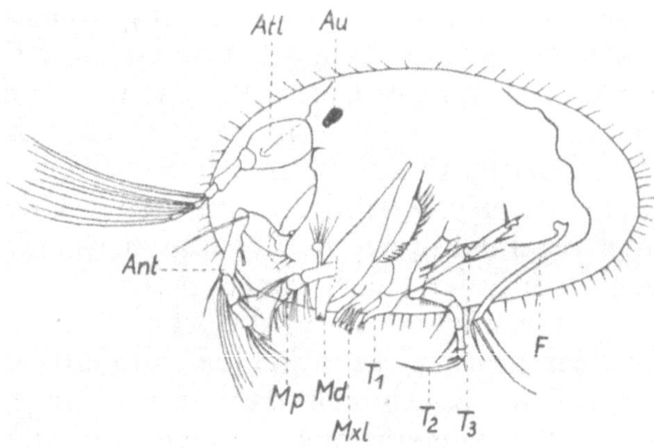

Abb. 22. *Eucypris affinis* Fischer. Weibchen. Linke Schale entfernt. *Ant* Antenne, *Atl* Antennula, *Au* Auge, *F* Furca, *Md* Mandibel, *Mp* Mandibularpalpus, *Mxl* Maxillula, *T*1-*T*3 Thoraxbeine. Im Süßwasser Nord- und Mitteleuropas und Nordamerikas. Länge bis 1,2 mm. — Nach Hoff

2. Klasse: *Ostracoda*, Muschelkrebse

Kennzeichen: Von einer 2klappigen, meist stark verkalkten Schale völlig eingehüllt. Körper ungegliedert, nur Kopf und Rumpf schwach gegeneinander abgesetzt. Meist mit Naupliusauge, selten mit Komplexaugen. Maxillen fehlen oft. Thorax mit 3 Beinpaaren (Abb. 22).

Die Ostracoden sind kleine, selten über 2 mm lang werdende Bewohner des Meeres und Süßwassers. Im Meer kommen sie in allen Tiefen vor, im Süßwasser bevorzugen sie flache, stehende oder langsam fließende Gewässer. Das Schwimmen, zu dem u. a. viele *Cypris*-Arten befähigt sind, geschieht als gleichmäßiges Gleiten (nicht stoßweise wie bei den *Cladocera!*). Der Antrieb erfolgt bei den Süßwasserbewohnern durch die beiden Antennenpaare, die mit langen Borsten ausgerüstet sind und in entgegengesetzter Richtung arbeiten (Antennula nach oben, Antenne nach unten-hinten). Die Tiere können aber auch mit Hilfe der Antenne und des 2. Thoraxbeins auf dem Boden laufen oder zwischen Wasserpflanzen klettern. Manche Meeresbewohner graben sich in den Schlamm ein.

Die Schale, die Schloß und Schließmuskel besitzt, ist nicht nur dorsal im Gebiet des Maxillensegments mit dem Körper verbunden, sondern das Verwachsungsgebiet ihrer Innenwand zieht sich streifenförmig auf der Seitenwand des Körpers nach unten bis zum Schalenschließmuskel. Durch diesen „Isthmus" wird der Binnenraum des Tieres in eine vordere und eine hintere Schalenkammer geteilt. Die dünnhäutige Innenfläche der Schale dient der Atmung (Kiemen treten nur bei *Asterope* auf).

Der Ostracoden-Körper fällt durch seine extreme Verkürzung und die Reduktion der Gliedmaßenzahl auf. Außer dem nur schwach abgesetzten Kopf ist ein ungegliederter Thorax mit 3 Beinpaaren zu unterscheiden, dem ein kurzer, mit einer Furca endender Hinterleib folgt. Die Furca ist ventral eingeschlagen und entspricht dem Postabdomen der *Conchostraca* und *Cladocera;* sie ist bei den *Myodocopa* ein wichtiges Bewegungsorgan.

Die Antennulae sind vor allem Tastorgan, dienen aber auch zum Eingraben, als Hilfsorgan beim Schwimmen und Kriechen oder als Greifwerkzeug. Die Antennen sind das wichtigste Bewegungsorgan beim Schwimmen, Kriechen, Klettern und Eingraben, bei den ♂ dienen sie oftmals auch zum Greifen. Eine Antennendrüse ist vorhanden. Die Kaulade der Mandibel wird in den meisten Fällen zum Zerkleinern der Nahrung benutzt, bei manchen *Cytheridae* ist sie jedoch zu einer Stechborste (zum Anstechen und Aussaugen von Algen) geworden, und bei den *Cypridinidae* stellt sie eine in den Vorderdarm gerichtete Stopfplatte dar. Am Protopoditen der Maxillula sitzt bei den *Podocopa* eine große, mit Fiederborsten versehene Platte (Epipodit?). Dieser „Ventilator“ schwingt unter dem Isthmus unaufhörlich hin und her, treibt dabei das Wasser aus der hinteren Kammer heraus und sorgt so für einen dauernden Zustrom von vorn, der sauerstoffreiches Atemwasser und Nahrungsteilchen mitführt. Die Maxille fehlt vielen Ostracoden, die Maxillendrüse ist zwar auch dann vorhanden, hat aber keinen Ausführgang.

Das 1. Thoraxbein ist bei den meisten Arten in den Dienst der Nahrungsaufnahme getreten und dann mit Kauborsten ausgerüstet. Zudem kann auch dieses Bein einen großen Ventilator tragen. Das 2. Thoraxbein ist im allgemeinen Kletter- und Kriechbein. Das 3. Paar zeichnet sich oft durch besondere Länge und geringe Chitinisierung aus; es ist dorsal umgeschlagen, sehr beweglich und reinigt die Innenfläche der Schale und die Ventilatoren.

So konstant bei den Muschelkrebsen die Körperform ist, so wandlungsfähig sind ihre Gliedmaßen, die zu bemerkenswerten Analogiebildungen befähigt sind. Die Umbildung zu einem bestimmten Werkzeug kann gewissermaßen über die einzelnen Mundgliedmaßen hinwegwandern: eine Leistung, die in dem einen Falle von der Madibel erfüllt wird, besorgt in einem anderen die Maxillula usw. Es sind also sehr verschiedene Wege beschritten worden, um eine gleichartige Aufgabe zu erfüllen.

Die Fortpflanzungsverhältnisse sind wenig bekannt. Parthenogenese ist zwar häufig, steht jedoch nicht wie bei den Cladoceren in regelmäßigem Wechsel mit dem Auftreten von ♂ ,die übrigens im Süden des Artvorkommens häufiger sind als im Norden. Erwähnt sei noch, daß die Spermatozoen mancher Ostracoden mit 6 mm Länge die größten sind, die wir im ganzen Tierreich antreffen.

Die Eier werden in der Regel frei abgesetzt (einzeln oder in Gelegen). Die *Myodocopa* entwickeln sich direkt, bei den *Podocopa* dagegen schlüpft aus dem Ei ein Nauplius, der bereits eine dünne 2klappige Schale trägt.

Die sehr unterschiedliche Nahrung wird auf die verschiedenste Weise erlangt: *Conchoecia* erzeugt am Schalenvorderrand ein Sekret, an dem sich Copepoden fangen, die dann mit der Mandibel abgestreift werden. Andere Arten fressen Schlamm, den sie entweder verschlucken oder ausfiltrieren. *Paradoxostoma* saugt die Säfte von Wasserpflanzen oder toten Tieren. Überhaupt vertilgen die Muschelkrebse häufig abgestorbene Tiere und Pflanzenteile, weiden Algenrasen ab und tragen so zur Reinhaltung der Kleingewässer bei.

Eine den Ostracoden sehr ähnliche Larvenform besitzen die *Cirripedia* in der sogenannten Cyprislarve (vgl. S. 69).

Fossile Ostracoden sind von großer Wichtigkeit bei Petroleumbohrungen als Leitfossilien.

Die ca. 1550 Arten lassen sich in 4 Ordnungen gruppieren *(Myodocopa, Cladocopa, Platycopa, Podocopa).*

3. Klasse: *Anostraca*

Kennzeichen: Ohne Schale. Körper langgestreckt, mit ziemlich gleichartigen Segmenten. Mit 11, selten 17 oder 19 Paar Turgorextremitäten. Komplexaugen auf beweglichen Stielen. Naupliusauge vorhanden. Kopf mit keinem Rumpfsegment verwachsen.

Die Anostracen leben fast ausschließlich im Süßwasser, nur wenige Arten (z. B. *Artemia)* kommen in salzhaltigen Binnengewässern, jedoch niemals im Meer selbst vor. Bevorzugt werden periodisch austrocknende Kleingewässer. Die Tiere treten also vor allem im Frühjahr nach der Schneeschmelze auf. Sie bewegen sich vorwiegend im freien Wasser und schwimmen dabei mit dem Rücken nach unten.

Der Körper setzt sich zusammen aus dem freien Kopf, 11 (bzw. 17 oder 19) beintragenden Segmenten und ursprünglich 9 extremitätenlosen Körperringen. Die Furca ist in der Regel zu plattenförmigen, beborsteten Anhängen geworden. Die beiden ersten beinlosen Segmente sind meist verschmolzen und beim ♀ ventral in einen unpaaren, tütenförmigen Eisack ausgezogen, an dessen Spitze die Vagina mündet und in den die Eier abgelegt werden. Beim ♂ trägt dieses Genitalsegment paarige Kopulationsanhänge.

Die Antennulae sind einfache, fadenförmige Sinnesorgane. An den Antennen ist der Endopodit verloren gegangen. Sie sind beim ♀ hakenförmig und fest mit dem Kopf verbunden. Beim ♂ sind sie viel größer, manchmal geweihartig verzweigt und dienen zum Ergreifen des ♀ bei der Begattung. Aus dem Protopoditen der Antenne gehen die sogenannten Frontalanhänge der ♂ hervor. Es sind dies faden-, lappen- oder fransenförmige Gebilde, die dicht mit Sinneszellen besetzt sind und bei der Begattung ausgebreitet werden (in der Ruhe eingerollt). Exkretionsorgan ist die Maxillendrüse; eine Antennendrüse tritt nur beim Metanauplius auf.

Die Beinpaare des Rumpfes dienen gleichzeitig der Fortbewegung, dem Nahrungsfang und der Atmung (Epipodite als Kiemen). Den Hauptabschnitt des Beines bildet der Protopodit, dessen Medialseite eine Reihe von 5 lang beborsteten Enditen trägt, deren basaler am größten ist. An der Lateralkante sitzen 3 Exite: Praeepi-, Epi- und Exopodit. Distal läuft der Protopodit in einen Endopoditen aus (Abb. 4). Das Arbeitsprinzip ist folgendes:

Zwei aufeinanderfolgende Beine bilden mit ihren querliegenden Stammteilen Vorder- und Hinterwand einer Kammer, deren Decke der nach hinten umgeschlagene Endopodit darstellt (Tier schwimmt auf dem Rücken!), während der Boden von der Bauchwand des Tieres gebildet wird (Abb. 23). Nach der Flanke hin ist der Raum durch die nach hinten umgeklappten Exite verschlossen. Gegen die Mittellinie des Körpers hin aber vergittern ihn die ebenfalls rückwärts gedrehten Enditborsten. Stünde man in der Mittelachse des Körpers in der dort verlaufenden Bauchrinne, so sähe man sich in einer langen zum Munde führenden Gasse, die beiderseits von Enditborsten wie von Drahtgittern gegen die aufeinanderfolgenden Kammern zwischen den Beinen abgegrenzt ist. Sobald sich nun eines der Beine nach vorn bewegt (abduziert wird), erweitert sich die hinter ihm gelegene Kammer. Dadurch entsteht

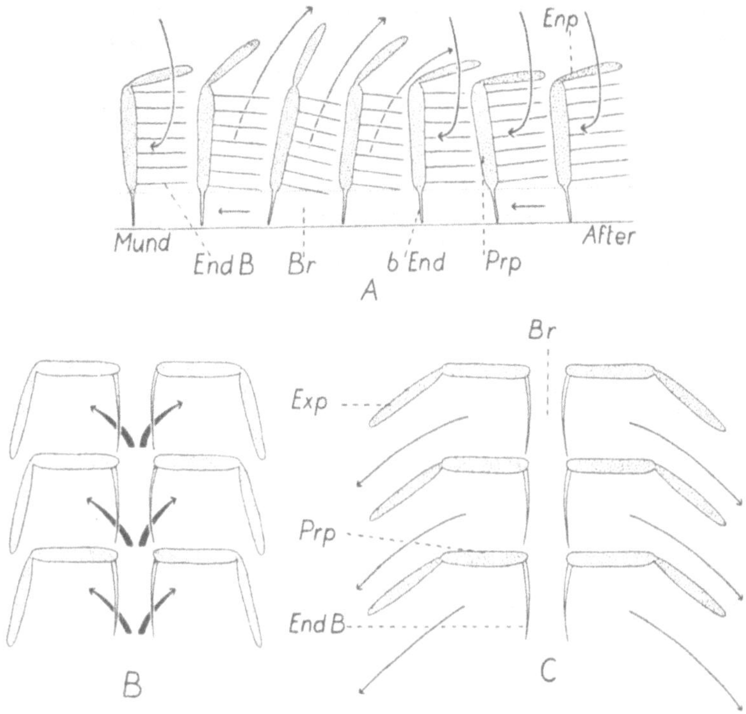

Abb. 23. Schema der Beinbewegungen eines Anostracen. *A* Medianer Längsschnitt. Man sieht auf die Bauchrinne und auf die in fortschreitender Bewegung sich befindenden Beine der linken Körperseite. *B* und *C* Blick von oben auf drei hintereinander liegende Beinpaare. Die als Deckel dienenden Endopodite sind weggelassen, um den Blick in die Kammern freizugeben. *B* in der Saugphase. *C* in die Ausstoßphase. *Br* Bauchrinne, *bEnd* basaler Endit, *EndB* Enditborsten, *Enp* Endopodit, *Exp* Exopodit, *Prp* Protopodit. Die Pfeile geben die Richtung des Wasserstroms an

ein Sog, der nur durch die Enditgitter nach außen wirksam werden kann. Infolgedessen wird Wasser in die Mittelgasse gesaugt, das von dort durch die Enditgitter in die erweiterte Saugkammer strömt (Saugphase). Die mitgerissenen Partikel (Algen, Protozoen usw.) bleiben im Gitter hängen und gelangen in die vertiefte Mittelrinne des Bauches, wo sie die Basendite nach vorn zum Munde fegen. Bewegt sich dann das Bein zurück (Adduktion), so klappt der Gegendruck des Wassers den Endopoditen und die Exite nach vorn. Dabei öffnen sich Seitenwand und Deckel der verengten Kammer, und das Wasser schießt ins Freie (Schwimmphase). Die Bewegung der Beine erfolgt nicht gleichzeitig, sondern von vorn nach hinten fortschreitend, so daß über die Bauchseite des Tieres Bewegungswellen verlaufen.

Dieser durch seine Homonomie merkwürdig primitiv anmutende Saug- und Filterapparat ist in Wirklichkeit eine hoch spezialisierte und dem extremen Lebensraum der Tiere angepaßte Einrichtung. Einen ursprünglichen Zustand der Arthropoden verkörpert er auf keinen Fall. Die 3 Paar Mundgliedmaßen haben dagegen auch bei den Anostracen einen Entwicklungsgang eingeschlagen, der sichtlich dem anderer Krebse gleicht und von der Umbildung der Rumpfbeine völlig unabhängig ist.

Es sind etwa 100 Arten bekannt, die in der Regel 10—20 mm lang werden. Die Eier werden auf einer bestimmten Entwicklungsstufe aus dem Eisack entlassen, aus ihnen schlüpft dann ein Metanauplius.

4. Klasse: *Copepoda,* Ruderfußkrebse

Kennzeichen: Ohne Carapax und ohne Komplexaugen. Thorax mit gegliederten Spaltbeinen, Abdomen ohne Extremitäten aber mit Furca. Begattung mittels Spermatophoren. Die ♀ bilden in den allermeisten Fällen Eiballen.

Die Copepoden zeigen in ihrer Lebensweise alle Übergangsformen von frei im Wasser lebenden Schwimmern und Schwebern bis zu Ecto- und Endoparasiten. Sie treten uns daher auch in einem außerordentlich großen Gestaltenreichtum gegenüber, und viele Parasiten sind als Erwachsene gar nicht mehr als Krebse zu erkennen. Die Entwicklungsstadien dieser stark deformierten Formen zeigen jedoch immer deutlich ihre Copepodennatur. Nach dem Nauplius und Metanauplius tritt nämlich stets das Copepoditstadium auf, dessen Körper in die gliedmaßentragende Kopfbrust und den extremitätenlosen Hinterleib gegliedert ist, also dem der frei lebenden Copepoden durchaus ähnelt. Beide Abschnitte sind segmentiert, der hintere endet mit einer Furca. Das Copepoditstadium ist ein gemeinsames Merkmal aller Ruderfußkrebse.

Bei den frei lebenden Copepoden ist mit dem Kopf mindestens das 1. Thoraxsegment verschmolzen. Die stets 1ästigen Antennulae wirken als Schwebe- und Steuervorrichtungen; bei den Parasiten sind sie meist reduziert, bei den *Caligidae* dagegen mit Saugvorrichtungen versehen. Die Antennen sind bei den Schwimmern und Schwebern 2ästig; bei den Parasiten ist der Exopodit rudimentär oder ganz verschwunden, der Endopodit besitzt bei ihnen meist eine mächtige Klaue und dient dann als Klammerorgan. Eine Antennendrüse kommt nur bei den Nauplien vor. Die Mandibel ist bei saugenden Parasiten zu Stiletten umgebildet, und die Maxille ist oft zu Haftarmen umgestaltet. Eine Maxillendrüse ist vorhanden.

Der Gasaustausch geht allein durch die Haut vor sich, besondere Atmungsorgane wurden noch nicht gefunden. Ein Herz tritt manchmal im vorderen Thoraxabschnitt auf, Gefäße fehlen völlig.

Aus praktischen Gründen sollen zunächst die frei lebenden Ruderfüßer besprochen werden. Es sei aber betont, daß die so erfolgte strenge Scheidung von den Schmarotzern keinerlei phylogenetische Bedeutung hat.

Die frei lebenden Copepoden stellen zusammen mit den Cladoceren die Hauptmasse der Planktonkrebse (vgl. S. 44). Sie sind nur selten größer als 5—10 mm. Im Gegensatz zu den Wasserflöhen leben sie vorwiegend im Meer. Nach der Art der Fortbewegung lassen sich die frei lebenden Copepoden in 3 Gruppen scheiden, nämlich in Schwimmer, Schweber und Schlängler.

Als Beispiel für einen typischen Schwimmer sei die Gattung *Cyclops* geschildert (Abb. 24). Ihr Körper besteht aus 2 deutlich gegeneinander abgesetzten Abschnitten, dem Vorderkörper (Kopf und Thorax), der die Gliedmaßen trägt, und dem viel schlankeren, extremitätenlosen Hinterkörper mit einer Furca am Ende. Das 1. Thoraxsegment ist mit dem Kopf verschmolzen, es trägt ein Paar 1ästige Maxillipeden. Die restlichen, freien 4 Thoraxsegmente sind mit 2ästigen Spaltbeinen ausgerüstet, von denen allerdings das letzte Paar sehr stark reduziert ist. Außerdem ist das letzte Thoraxsegment wesentlich schmaler als das 5. und mit diesem und dem anschließenden Abdomen gelenkig verbunden. Dadurch wird das Tier in seiner Längsachse besonders gut beweglich, obwohl die ersten beiden der 5 Hinterleibssegmente miteinander verschmolzen sind. Die Extremitäten des 2.—5. Thoraxsegments sind typische Spaltbeine und dienen der Fortbewegung. In der Ruhe sind sie schräg nach vorn gestellt. Die Schwimmbewegung beginnt, indem beide Partner des 5. Paares synchron nach hinten schlagen. Noch ehe diese Bewegung abgelaufen ist, folgen der Reihe nach — in außerordentlich schnellen Abständen — das 4., 3. und 2. Paar. Um dem Wasser einen möglichst großen Widerstand zu bieten, sind die Beine während des Schlages gespreizt. Wenn sie abduziert werden, legen sie sich dagegen zur Verringerung des Wasserwiderstandes medial zusammen. An der Lokomotion sind außerdem noch die Antennulae und der einklappbare Hinterleib beteiligt. So ensteht eine für diese Gruppe ganz charakteristische hüpfende Fortbewegung, in deren erster Phase der Körper sprungartig hochfliegt, während er in der zweiten langsam absinkt.

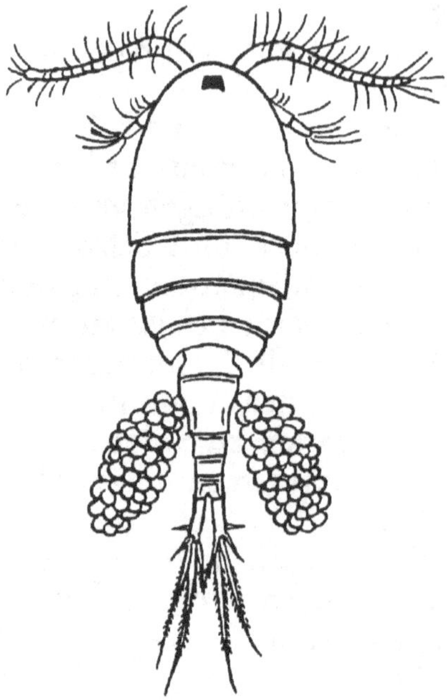

Abb. 24. *Cyclops viridis* (Jurine). Weibchen mit Eisäckchen. Länge bis 2,5 mm. In großen und kleinen Gewässern, an den Boden gebunden. In Europa, Asien, Afrika, Amerika.

Die planktischen *Cyclops*-Arten sind Räuber. Sie fressen Nauplien oder große Infusorien, nagen Fischbrut an und gehen außerdem an schon stark zersetzte organische Substanzen.

Die zu Greiforganen umgewandelten Antennen dienen dem ♂ bei der Kopula zum Festhalten am ♀, wenn es seine Spermatophore dem ♀ anheftet. Die Spermien dringen dann ins weibliche Receptaculum seminis ein. Die Geschlechtsöffnung befindet sich bei ♂ und ♀ im 1. Abdominalsegment. Die für die Copepoden so charakteristischen Eisäcke entstehen dadurch, daß aus einer drüsenreichen Überdachung der weiblichen Geschlechtsöffnung im Augenblick des Austretens der Eier ein Sekret fließt, das die Eier zusammenklebt. Die Zahl der in dieser Weise nacheinander gebildeten Eisäcke ist recht verschieden: *Cyclops vernalis* Fischer erzeugte im Zeitraum von 3 Wochen jeden Tag einen, eine andere Art in $2^1/_2$ Monaten 13 Paare. Die Metamorphose der *Cyclopidae* beginnt mit dem Nauplius und erstreckt sich über 12 Häutungsstadien, von denen das 4., der Metanauplius, mit 2 Paar Thoraxbeinen ausgerüstet ist. Mit dem 6. Häutungsvorgang ist das Copepoditstadium erreicht, also Vorder- und Hinterkörper scharf voneinander unterschieden.

Erwähnt sei in diesem Zusammenhang, daß beim Nauplius die Antenne mit einer Kaulade versehen ist und als Mundwerkzeug dient. Erst im Copepoditstadium übernimmt die Mandibel ihr eigentliches Aufgabengebiet (Funktionswechsel!).

Die zu den *Calanoida* gehörende Gattung *Diaptomus* bietet ein Beispiel für die im Wasser schwebenden Copepoden, die sich durch meist mehr als körperlange Antennulae zu erkennen geben, an denen das Tier wie an einer Schwebestange hängt. Diese erhält ihre Festigkeit durch den Blutdruck, ist aber im Augenblick des Sprunges, der in sehr ähnlicher Weise wie bei *Cyclops* erfolgt, blutleer und schlaff. Außer den durch Schweben unterbrochenen Schwimmbewegungen können wir bei *Diaptomus* ein Gleiten in horizontalen, unregelmäßigen Kurven beobachten. Hierbei richtet das Tier seine Beine unbeweglich nach oben. Als Motor wirken Antenne, Mandibel und Maxillula, die 3000 mal in der Minute schlagen und den Krebs unter der steuernden Wirkung der Antennulae vorwärtstreiben. Die im Lokomotionsstrom auftretenden kleinen Organismen werden dabei von der Maxille ausgeseiht und dann dem Munde zugeführt. Arten der Gattung *Diaptomus,* die in Tümpeln leben, sind in der Lage, Dauereier zu bilden, die in den Schlamm sinken und dort die trockene Jahreszeit überstehen.

Die sich durch Schlängeln fortbewegenden *Harpacticoida* leben nicht nur in größeren Wasseransammlungen, sondern auch in Moospolstern und im Mulm alter Bäume. Sie sind immer an ein Substrat gebunden, das sie nur selten verlassen. Ihr Körper verjüngt sich vom 3. Brustsegment an gleichmäßig nach hinten und ist zu schnellen Krümmungen befähigt, mit deren Hilfe die Tiere auch langsam streckenweise schwimmen können.

Die mitunter kaum noch als Copepoden kenntlichen parasitischen Formen sind eine polyphyletische Gruppe. Eine Neigung zu ihrer Lebensweise können wir bei denjenigen Cyclopiden feststellen, die Jungfische anfressen. Im Gegensatz zu den nicht parasitischen Arten, die nur selten über 1 cm lang werden, erreichen die ♀ mancher Schmarotzer bis zu 30 cm Länge.

Noch auf einer verhältnismäßig niederen Stufe des Parasitismus stehen die an den Kiemen und auf der Haut von Fischen schmarotzenden Arten der Gattung *Ergasilus.* Sie werden nur wenige mm lang, sind cyclopidenähnlich und leben bis zur Kopula frei. Nach der Begattung setzt sich das ♀ in den meisten Fällen an den Kiemenfäden von Fischen endgültig fest und hält sich dort mit seinen zu mächtigen Haken umgewandelten Antennen. — Die Arten der Gattung *Caligus* gehen einen Schritt weiter. Sie leben nur bis zum 3. Larvenstadium frei und heften sich dann mit einem Faden, den eine Kopfdrüse erzeugt, an die Haut von Fischen. Sie laufen ähnlich Läusen auf dem Wirt herum, bis sie die Geschlechtsreife erreicht haben. Die ♀ werden 10 mm lang, besitzen einen breiten Cephalothorax, der als

Saugscheibe wirkt, und fallen durch ihre langen Eischnüre auf. — Kaum noch als Ruderfüßer zu erkennen wären die begatteten ♀ von *Lernaeocera branchialis* (L.), trügen sie nicht die langen, spiralig aufgerollten Eischnüre (Abb. 25). Hornartige Auswüchse des Kopfes verankern das Tier tief in dem Kiemengewebe seiner Wirte (vor allem *Gadus*- und *Pleuronectes*-Arten). Die Anheftung mit den Antennen und den Maxillipeden erfolgt in beiden Geschlechtern bereits im Copepoditstadium an einem 1. Wirt. Nach der Paarung, bis zu der sich ♂ und ♀ sehr ähnlich sehen, wählt das ♀ einen neuen Fisch als Wirt, dringt mit seinem Kopfteil bis an dessen ventrale Aorta oder das Herz vor und streckt sich bis zu 40 mm Länge. Das ♂ stirbt bald nach der Kopula ab. — Die höchste Stufe des Parasitismus erreichen schließlich die *Monstrilloida*, die sich im Blutgefäßsystem sedentärer Polychaeten entwickeln. Die Nauplien heften sich mit ihren Mandibelhaken an der Haut des Wirtes fest und dringen dann, dabei die Cuticula zurücklassend, ins Körperinnere vor. Dort gelangen sie in ein Hauptblutgefäß, wo sie zu einer elliptischen Zellmasse ohne Gliedmaßen auswachsen und an ihrem Vorderende 2 lange Fortsätze entwickeln, mit denen sie osmotisch Nahrung aufnehmen, denn Mundwerkzeuge und ein funktionierender Darm sind nicht vorhanden. In diesem Stadium findet die Kopula statt. Bald nach der Fortpflanzung sterben die Tiere ab.

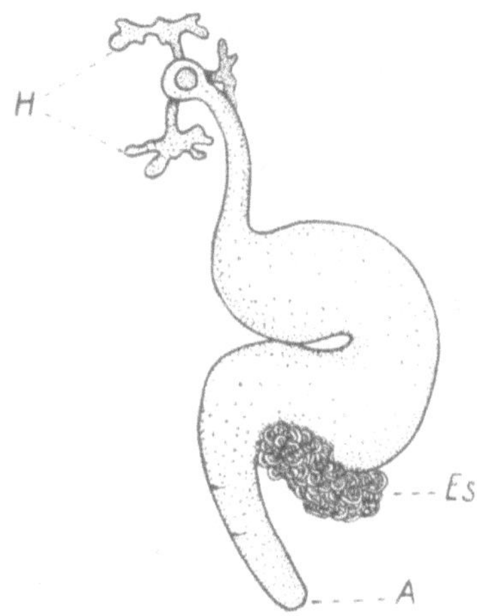

Abb. 25. *Lernaeocera branchialis* (L.). Weibchen. Das durch eigenes Atmungspigment rot gefärbte Tier lebt an den Kiemen von Gadiden (und einigen anderen Fischen) und ist mit den chitinösen „Hörnern" (*H*) in das Kiemengewebe eingebohrt. *A* After, *Es* Eischläuche. Länge des reifen Weibchens 40 mm. In der Nordsee, im Nordatlantik und Mittelmeer.

Der Parasitismus der zahlreichen Arten ist ungemein vielseitig. Nur im Süßwasser leben sie ausschließlich an Fischen, im Meer jedoch treten sie außerdem noch als Bewohner der Leibeshöhle oder des Blutgefäßsystems niederer Tiere auf. Ja selbst ein Pflanzenparasit zählt zu ihnen, der an einer Alge Gallen erzeugt.

Die zahlreichen Arten verteilen sich auf 7 Ordnungen.

1. Ordnung: *Calanoida*

Kopf und Thorax breiter als Abdomen. 5. und 6. Thoraxsegment in enger Verbindung. Mundteile kauend. Frei lebende, meist planktische Meeres- und Süßwasserbewohner. *Calanus finmarchicus* (Gunner), wichtige Nahrung von Bartenwalen und Speisefischen. *Diaptomus* Westwood.

2. Ordnung: *Cyclopoida*

Kopf und Thorax breiter als Abdomen. 6. Thoraxsegment in enger Beziehung zum 1. Abdominalsegment. Mundteile kauend, stechend oder saugend. Frei lebend, vorwiegend im Litoral des Meeres und Süßwassers oder temporäre oder stationäre Parasiten an Meeres- und Süßwassertieren. *Cyclops* O. F. Müller. *Sapphirina* J. V. Thompson. *Ergasilus* Nordmann.

3. Ordnung: *Harpacticoida*

Körper sich nach hinten allmählich verjüngend. Fast ausschließlich frei lebend und an den Untergrund gebunden, nur sehr selten Plankter, Kommensalen oder Parasiten. Im Meer und Süßwasser. *Harpacticus* Milne Edwards.

4. Ordnung: *Monstrilloida*

Als Erwachsene marine Planktonformen ohne Mundwerkzeuge und Darm. Als Larven Endoparasiten im Blutgefäßsystem von Polychaeten. *Monstrilla* Dana. *Haemocera* Malaquin.

5. Ordnung: *Notodelphyoida*

Körper cyclopsähnlich aber mit einem dorsalen Eisack. Leben vorwiegend in Tunicaten. *Notodelphys* Allman. *Ascidicola* Thorell.

6. Ordnung: *Caligoida*

Körper oft schildförmig. Antenne und Maxilliped als Klammerorgane, Mandibel als Stilett. Breite, flache Fischparasiten oder langgestreckte Endoparasiten verschiedener Meeres- und Süßwassertiere. *Caligus* O. F. Müller. *Lepeophtheirus* Nordmann.

7. Ordnung: *Lernaeoida*

Körper schlauch- oder sackartig, meist ganz ungegliedert. Metamorphose manchmal mit Wirtswechsel. Fast ausschließlich Fischparasiten. *Lernaeocera* Blainville. *Lernaea* Linneus. *Clavella* Oken.

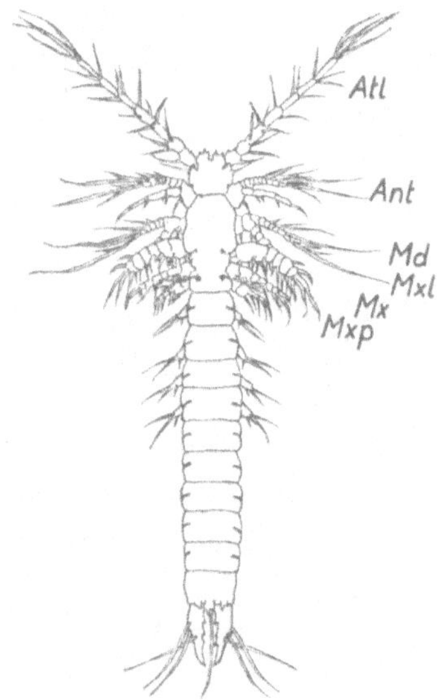

Abb. 26. *Derocheilocaris remanei* Delamare & Chappuis. Aus dem marinen Küstengrundwasser der französischen Mittelmeerküste. Das Tier lebt im Lückensystem des Feinsandes. Länge 0,5 mm. *Ant* Antenne, *Atl* Antennula, *Md* Mandibel, *Mx* Maxille, *Mxl* Maxillula, *Mxp* Maxilliped. — Nach Delamare-Deboutteville

5. Klasse: *Mystacocarida*

Kennzeichen: Körper wurmförmig langgestreckt, zylindrisch. Kopf mit 5 Paar relativ großen Anhängen (Antennulae, Antennen, 3 Paar Mundgliedmaßen) und einem großen Labrum; von einer Kopfkapsel umhüllt. Thorax aus 5 Segmenten zusammengesetzt, das 1. Maxillipeden tragend und mit dem Kopf verschmolzen. Die 4 freien Segmente mit kleinen, 1gliedrigen Extremitäten; am 1. freien Segment ventral in beiden Geschlechtern die Geschlechtsöffnung. Abdomen aus 6 Segmenten bestehend und außer einer großen Furca ohne Anhänge (Abb. 26).

Die *Mystacocarida* sind mikroskopisch klein und tragen gewisse larvale Züge; mit ihren kräftig entwickelten Kopfgliedmaßen und den reduzierten Thoraxbeinen gleichen sie Nauplius-Larven, was aber wohl auf die Lebensweise zurückzuführen ist. Die Tiere leben am Meeresstrand in einer bestimmten Tiefe im Boden und sind typische Bewohner des Lückensystems des Sandes. Sie wurden erst 1939 entdeckt. Bisher sind 3 Arten bekannt (Küste Amerikas und des westlichen Mittelmeeres).

Die Klasse zeigt Beziehungen zu den *Copepoda*.

Gattung *Derocheilocaris* Pennak & Zinn, 1943.

6. Klasse: *Branchiura,* Kiemenschwanzkrebse

Kennzeichen: Körper dorsoventral stark abgeflacht, von einer schildförmigen Schale bedeckt. Mit paarigen Komplexaugen, 4 Paar spaltfüßigen Thoraxbeinen und ungegliedertem Abdomen mit flossenartigen Anhängen.

Die *Branchiura* sind eine kleine Gruppe von im Süßwasser oder Meer lebenden, temporären Parasiten auf der Haut von Fischen oder Amphibienlarven. Der flache Körper setzt sich aus dem Kopf (+ kleiner Teil des 1. Thoraxsegments), 4 freien Thoraxsegmenten und dem kurzen, ungegliederten Abdomen zusammen. Am Abdomen befinden sich außer der winzigen Furca noch 2 dünne, flossenförmige Blätter als Anhänge, in denen bei den ♂ die Hoden liegen und die zum Teil auch der Atmung dienen (Name!). Der Gasaustausch findet jedoch hauptsächlich auf besonderen Schalenfeldern an den ventralen Seitenteilen des Schildes statt. Außerdem unterstützen die Abdominalanhänge als Nebenherzen das kurze Herz. Vom Maxillensegment geht eine Schalenbildung aus, die den Körper verschieden weit nach hinten bedeckt und jederseits flügelartig beweglich ist. Dadurch kann sich das Tier an die Haut seines Wirtes anschmiegen und außerdem beim Schwimmen schnelle Wendungen ausführen. Die *Branchiura* sind nämlich geschickte Schwimmer, als Ruderorgane dienen die 4 Thoraxbeinpaare.

Das Cephalon trägt ein unpaares Naupliusauge und zwei, aus bis zu 74 Ommen bestehende Komplexaugen, die unter der Haut in Blutlakunen liegen und kein Bildsehen gestatten. Antennulae und Antennen sind klein. Die Mundgliedmaßen tragen ausgesprochen parasitären Charakter. So liegen bei *Argulus* in einem Rüssel ein Paar dolchförmige Mandibeln, die aus dem Enditen der Larvenmandibel entstehen. Vor dem Munde befindet sich noch ein feiner Stachel, der mit Drüsen in Verbindung steht, die vermutlich ein giftiges Sekret absondern. Der praeorale Stachel fehlt *Dolops* und *Chonopeltis*, bei denen auch das Mundfeld nicht rüsselartig vorgezogen ist. Die Tiere halten sich am Wirt mit Hilfe der Maxillulae fest, deren Basen zu einem kräftigen Saugnapf umgebildet sind (nur bei *Dolops* als Klammerorgane entwickelt). Die Maxillen sind beinförmig.

Das vom Rüssel aufgenommene Blut wird ähnlich wie beim Blutegel oder bei Zecken in den beiden seitlichen, stark verzweigten Blindsäcken des Magens gespeichert, so daß die Tiere — ihre Nahrungsquelle gut ausnutzend — eine längere Fastenzeit ertragen können. Die Kiemenschwänze sind getrenntgeschlechtlich. Die Spermaübertragung geschieht niemals mit Hilfe von Spermatophoren wie bei den Copepoden, sondern mittels eigenartiger Kopulationsanhänge an den letzten 3 Thoraxbeinen der ♂. Die Eiablage erfolgt — für einen Krebs recht abwegig — an Steinen, Schilf u. ä., wodurch sich die Karpfenlaus eine große Unabhängigkeit ihrem Wirt gegenüber bewahrt hat.

4—5 Wochen nach der Ablage schlüpfen aus den Eiern Larven im Copepoditstadium mit unvollkommenen Schwimmfüßen, die funktionell von der kräftigen Antenne vertreten werden. Es gibt aber auch Arten, bei denen die Jungen später schlüpfen und sich ohne Metamorphose entwickeln.

Die *Branchiura* weisen Beziehungen zu den Copepoden und Cirripedien wie auch zu den Phyllopoden auf.

Einzige Fam. *Argulidae*. *Dolops* Audouin, im Süßwasser des tropischen Amerika. *Argulus* O. F. Müller, im Süßwasser und Meer, vor allem in Amerika; *A. foliaceus* (L.) an Süßwasserfischen, vor allem Karpfen. *Chonopeltis* Thiele, in Afrika.

7. Klasse: *Ascothoracida*

Kennzeichen: Ecto- und Endoparasiten an Hexacorallen oder Echinodermen. Körper von einem sackförmigen Mantel oder (selten) 2klappigen Schale umgeben. Ursprünglich 6 Thoraxsegmente und 5 Abdominalsegmente mit Furca. Mundgliedmaßen zu einem Stechorgan umgebildet. Im Meer.

Die nur 18 Arten umfassende Klasse ist infolge ihrer parasitischen Lebensweise stark abgewandelt, besonders die Endoparasiten. Der Mantel, der eine Ausstülpung des Körpers darstellt (keine einfache Hautfalte) und in den Verzweigungen des Darmes und der Gonaden eindringen, kann zum Zwecke der Oberflächenvergrößerung ausgebuchtet oder astähnlich verzweigt sein. Er bedeckt meist den gesamten Körper. Mit der Außenwelt steht der Mantelraum durch eine kleine Öffnung in Verbindung. Der Kopf ist weitgehend mit dem Thorax verschmolzen. An ihm sind nur die Antennulae — ursprünglich Klammerorgane und oft reduziert — und der stechend-saugende Mundkegel zu unterscheiden. Eine Homologisierung der Mundgliedmaßen mit denen anderer Crustaceen ist noch nicht gelungen. Der Thorax ist ursprünglich aus 6 getrennten Segmenten zusammengesetzt, von denen jedes ein Paar 2ästige Schwimmbeine trägt. Bei den meisten Arten sind aber die Thoraxsegmente mehr oder weniger verschmolzen und die Extremitäten zurückgebildet bis vollständig verschwunden. Auch am Abdomen, das ursprünglich aus 5 Segmenten besteht und nie Extremitäten trägt, kommt es zu weitgehenden Verschmelzungen. Die inneren Organe sind kaum bekannt. Ebenso weiß man über die Nahrungsaufnahme nichts. Die meisten Arten sind Zwitter. Die Entwicklung verläuft über Nauplien, die denen der Cirripedien ähneln. Bis zum Nauplius findet die Entwicklung im Muttertier statt, manchmal auch weiter bis zum sog. ascothoracidalen Stadium.

Bekannteste Gattungen: *Synagoge* Norman, Ectoparasit an Antipatharia und Crinoidea. *Laura* Lacaze-Duthiers, Endoparasit in Zoantharia. *Dendrogaster* Knipowitsch, Endoparasit in Asteroidea.

8. Klasse: *Cirripedia,* Rankenfußkrebse

Kennzeichen: Rein marine und stets festsitzende Krebse. In der Entwicklung tritt außer dem Nauplius und Metanauplius das für die Klasse charakteristische Cyprisstadium auf, das von einer 2klappigen, mantelartigen Schale umgeben und mit Komplexaugen ausgerüstet ist.

Alle Rankenfüßer nehmen durch ihre mit großen Umformungen des Körpers verbundene Seßhaftigkeit unter allen Crustaceen eine Sonderstellung ein. Die ausnahmslos im Meer lebenden Tiere, denen stets die Antenne fehlt, heften sich mit den Antennulae fest. Ihren ungegliederten Rumpf umgibt wie ein Mantel eine oft teilweise verkalkte Hautfalte, aus deren ventralem Schlitz die 2ästigen Spaltfüße hervorgestreckt werden können. Nach Körpergestalt und Lebensweise sind 3 Ordnungen zu unterscheiden.

1. Ordnung: *Thoracica*

Körper von einem Mantel umschlossen, der Kalkplatten ausbildet; mit 6 Paar Rankenfüßen. An Felsen, Pfählen oder anderen Gegenständen festgeheftet. Zwitter.

1. Unterordnung: *Lepadomorpha* (Abb. 27). Körper in Pedunculus und Capitulum unterschieden. Bei den hierher gehörenden Arten ist der Vorderkopf in einen mehr oder weniger langen Stiel verlängert. Dieser wird bei manchen Individuen von *Lepas anatifera* (L.) bis zu 48 cm lang, erreicht indessen bei anderen Arten mit 4—5 cm nur die Länge des übrigen Körpers. An seiner breiten Vorderfläche trägt der Vorderkopf ein Paar winzige Antennulae und die traubige, ebenfalls paarige Zementdrüse, die am Grunde der Antennulae mündet und einen zementartigen,

klebrigen Stoff absondert, mit dem sich das Tier an der Unterlage festheftet.

Der übrige, als Capitulum bezeichnete Körper setzt sich breit am Pedunculus an, und von dieser Stelle aus erhebt sich der Mantel als eine beiderseits des Rumpfes niederhängende Hautfalte. Seine ventralen, freien Ränder können durch einen Muskel fest verschlossen werden. Der Versuch, die Abschnitte des Cirripedienkörpers mit denen anderer Krebse zu homologisieren, macht gewisse Schwierigkeiten. Wir können am Rumpf einen bis zum Mundkegel reichenden Vorderkörper, den beintragenden Thorax und eine sich diesem anschließende Abdominalpartie mit dem Penis erkennen. Der Darm verläuft U-förmig, wie bei der Mehrzahl der sessilen Tiere.

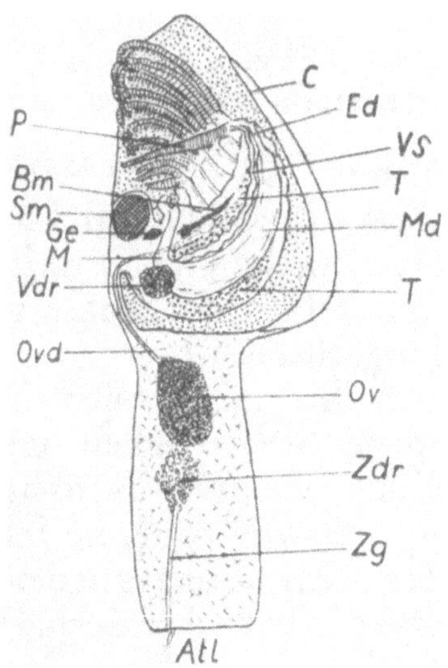

Abb. 27. *Lepas*. Schematische Darstellung der Anatomie. *Atl* Antennula, *Bm* Bauchmark, *C* Carina, *Ed* Enddarm, *Ge* Oberschlundganglion, *M* Magen, *Md* Mitteldarm, *Ov* Ovar, *Ovd* Ovidukt, *P* Penis, *Sm* Adductor scutorum, *T* Hoden, *Vdr* Verdauungsdrüsen, *Vs* Vesiculae seminalis, *Zdr* Zementdrüse, *Zg* deren Ausführgang. Nach Broch

Die 6 Paar charakteristischen Rankenfüße des Thorax tragen an ihrem Protopoditen zwei, meist aus zahlreichen kurzen Gliedern zusammengefügte, fühlerartige und in Richtung zum Mund eingerollte Äste, die zur Lokomotion völlig ungeeignet sind. Ähnlich Polypenarmen schieben sie sich aus dem klaffenden Spalt des Mantels hervor, um sich fächerartig auseinanderzufalten, schließen sich dann wieder zusammen und schlagen mundwärts gekrümmt und gerichtet in das Innere des Mantels zurück. Mit Hilfe ihrer Borsten seihen sie dabei Plankton aus, das den Mundcirren und schließlich dem

Munde zugeführt wird. Die Beine sind gegenüber taktilen Reizen sehr empfindlich und können kleine Partikel, die sie berühren, umschlingen. Für das Vorhandensein eines Geschmackssinnes spricht, daß bitter schmeckende Stoffe wieder ausgestoßen werden. Die Nahrung setzt sich in der Hauptsache aus kleinen Krebsen, Protozoen und Algen zusammen.

Als Besonderheit unter den Krebsen müssen die kalkigen Schalenteile der äußeren Hypodermis des Mantels aufgefaßt werden, dessen Außenwand sich nie häutet. Das Skelett von *Lepas* besteht aus der dorsalen, unpaaren Carina und zwei weiteren Plattenpaaren: den Terga, die rückenwärts gelegen sind, und den Scuta, die sich bauchwärts daran anschließen. Die Zahl der Platten kann vermehrt sein, besonders bei Arten, bei denen sie auf den Stiel übergehen.

Die Entwicklung beginnt mit dem Nauplius. Beim Metanauplius bildet sich im Innern der Antennula ein Saugnapf aus, womit der erste Schritt zur sessilen Lebensweise hin getan ist. In diesem Stadium vergrößert sich auch das Rückenschild und bedeckt die Körperseiten. Es wird bei dem hierauf folgenden Cyprisstadium zu einer 2klappigen Schale, die ventral vorn und hinten je einen Spalt für die Beine und die als Haftorgan dienenden Antennulae besitzt. Die Cyprislarve setzt sich fest und tritt in das sogenannte Puppenstadium ein, das keine Nahrung aufnimmt und in dessen Innerem sich die Umbildung zum Rankenfüßer vollzieht.

Scalpellum Leach. *Lepas* L., auf Kork, Bimsstein, Decapoden, Schiffen, Korallen usw. *Alepas* Rang, an Medusen mit langen „Stelzwurzeln" befestigt.

2. Unterordnung: *Verrucomorpha.* Mit breiter Bodenplatte. Mauerkrone aus vier, gegeneinander unbeweglichen Platten gebildet. *Verruca* Schumacher.

3. Unterordnung: *Balanomorpha.* Mit breiter Bodenplatte. Mauerkrone aus 8—4 gegenseitig beweglichen Platten gebildet.

Verrucomorpha und *Balanomorpha* unterscheiden sich von den *Lepadomorpha* durch das Fehlen des Stieles, der hier der Bodenplatte entspricht, und durch die vermehrten Skelettstücke, die sich zur „Mauerkrone“ um den Rand der Bodenplatte gruppieren (Abb. 28). Scuta und Terga bilden einen 4teiligen, in der Mitte aufklappbaren Deckel über dem von der Mauerkrone umstandenen Raum.

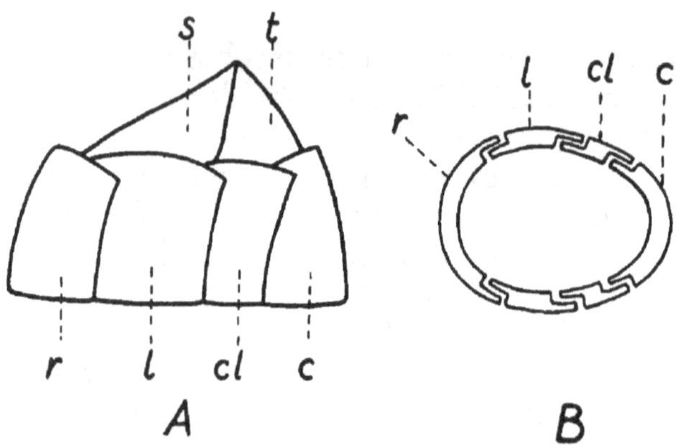

Abb. 28. Schematisches Bild der Kalkplatten von *Balanus*. *A* von der Seite. *B* Querschnitt durch die Mauerkrone. *c* Carina, *cl* Carinolaterale, *l* Laterale, *r* Rostrum. *s* Scutum, *t* Tergum. — *A* nach Broch, *B* nach Darwin

Die Balaniden bilden meistens große Kolonien von oft kilometerlanger Ausdehnung an Felsen oder am Wattstrand. Die Gestalt und die Größe des Individuums ändert sich dabei mit der Dichte des Vorkommens. Manche Arten können auch längere Zeit (bis 10 Monate) an Felsen, gelegentlich nur von Spritzwasser benetzt, außerhalb des Wassers verbringen. Auch gegenüber Änderungen des Salzgehaltes sind sie wenig empfindlich.

An Metanauplius und Cypris fällt auf, daß trotz der undurchsichtigen Schalen Komplexaugen vorhanden sind. Die zunächst noch vagile Cypris-Larve setzt sich schließlich fest, sucht jedoch vorher sorgfältig nach rauhem Untergrund, bei dessen Fehlen sie monatelang nicht zur Ruhe kommt.

Balanus Da Costa, an Felsen und Schiffen („Bewuchs“) oft in großen Kolonien. *Chelonibia* Leach, auf Seeschildkröten und Walen. *Coronula* Lamarck.

2. Ordnung: *Acrothoracica*

Mit chitinösem Mantel ohne Kalkplatten, Cirren reduziert. Extremitäten meist weit an das Ende des Körpers gerückt. Die 2—4,5 mm lang werdenden Tiere bohren sich auf eine bisher noch unbekannte Weise in Schneckenschalen oder Korallen ein. Sie sind zwittrig oder getrenntgeschlechtlich. Wenn ♂ auftreten, so sind sie stets erheblich kleiner als die ♀, flaschenähnlich und damit auch gestaltlich von diesen verschieden. Das ♂ von *Trypetesa (= Alcippe) lampas* (Hancock) ist z. B. nur 1 mm lang, besitzt weder Darm noch Beine und Mundwerkzeuge und lebt in die Mantelfalte des 12 mm langen ♀ eingesenkt. Interessant ist, daß die Geschlechtsbestimmung metagam erfolgt, und zwar im Cyprisstadium. Setzt sich dieses an einer Schneckenschale fest, so entwickelt es sich zu einem ♀, wählt es dagegen ein ♀ als Sitz aus, wird das Tier zum ♂. Ein Wasserstrom, der durch Kontraktionen des Mantels und Bewegungen der Cirren erzeugt wird, sorgt für die Zuführung der Nahrung und frischen Atemwassers.

3. Ordnung: *Rhizocephala*

Zwittrige Parasiten an Decapoden und Isopoden. Körper sackartig, ohne Gliedmaßen, mit dünner Chitincuticula. Die Tiere hängen mittels eines Stieles wie ein Sack an ihrem Wirt, den sie mit weitverzweigten Fäden durchziehen.

An Brachyuren schmarotzt *Sacculina* und bildet am Hinterleib der befallenen Krabbe eine querovale, bis 2 cm breite Knolle. Mund, Darm und Gliedmaßen fehlen diesem Organismus, der von einem innen und außen chitinisierten Mantel umgeben ist, vollständig. Der Mantel schließt ein sackartiges, an einem Mesenterium aufgehängtes Gebilde ein, das aus dem stark verzweigten Ovar, dem wesentlich kleineren Hoden und dem Nervensystem besteht. Die von hier aus sich ausbreitenden Fäden umspinnen Muskeln, Darm, Nervensystem und Gonaden des Wirtes und führen dem Parasiten die Nahrung zu. Die von einer *Sacculina* befallene Krabbe stirbt zwar nicht, es verlieren aber die männlichen Wirtsexemplare ihre Fortpflanzungsfähigkeit (parasitische Kastration) und werden äußerlich den ♀ sehr ähnlich.

In der Entwicklung folgt nach 5 Naupliusstadien innerhalb von 4—6 Tagen die Cypris-Larve, die sich nur während der Dunkelheit an der Basis eines Haares einer noch sehr jungen Krabbe festsetzt. Thorax und Abdomen wirft das Tier ab und reduziert sich so zu einem einfachen Zellsack. In den Antennulae entstehen aus dem Ectoderm hohle Pfeile, die — durch Wachstumsvorgänge vorwärtsgetrieben — sich in die Basis des Haares einbohren. Durch ihr Lumen wandern nun Zellkomplexe in das Innere der Krabbe, die mit dem Blut auf den Darm gelangen und hier zur „Sacculina interna" werden. Diese sendet nach allen Seiten „Wurzeln" aus, und unter Zerstörung der Hypodermis des Wirtes bricht sie im Anschluß an eine Häutung schließlich nach außen durch („Sacculina externa") und ist 6 Wochen darauf bereits fortpflanzungsfähig.

Sacculina carcini Thompson, vor allem an *Carcinus maenas. Peltogaster paguri* Rathke, vor allem an *Eupaguras bernhardus.*

9. Klasse: *Malacostraca,* Höhere Krebse

Kennzeichen: Mit 8 Thoraxsegmenten und 6 (nur *Leptostraca* mit 7) Abdominalsegmenten. Thorax gestaltlich und in der Ausbildung der Gliedmaßen deutlich vom Abdomen unterschieden. Furcalanhänge nur bei *Leptostraca* und manchen Larven. Geschlechtsöffnung des ♂ im 8., des ♀ im 6. Thoraxsegment.

Die Malacostracen zeichnen sich vor allen anderen Crustaceen durch die konstante Zahl der Rumpfsegmente aus. Die allgemeine Körperform ist meist schlank, garnelenartig (caridoider Habitus). Sie leben in den verschiedensten Regionen des Meeres, im Süßwasser und auf dem Land. Mit den Decapoden, die auch wirtschaftlich eine große Rolle spielen, stellen sie die größten Krebse überhaupt.

Die Mundgliedmaßen sind in der Regel beißend. Die Mandibel hat bei den *Peracarida* neben der Pars molaris und Pars incisiva eine bewegliche Lacinia mobilis. Die 8 Thoraxbeinpaare sind 2ästig oder durch Verlust des Exopoditen 1ästig. Die beiden letzten Glieder des Endopoditen (Propodus und Dactylus) bilden oft eine Schere. Man unterscheidet eine subchelate Schere (Subchela), bei der gegen den meist verbreiterten Propodus der Dactylus um 90—180° eingeschlagen wird, und eine chelate Schere (Chela), bei der der Propodus in einen „Finger" verlängert ist, gegen den der Dactylus schlägt (Abb. 29). Bis zu 3 Paar der vorderen Thoraxbeine können umgebildet sein und als Maxillipeden in den Dienst der Nahrungsaufnahme treten. Die restlichen Paare werden Pereiopoden genannt und dienen der Fortbewegung. Häufig werden ein oder mehrere Beinpaare auch als Putzfüße gebraucht.

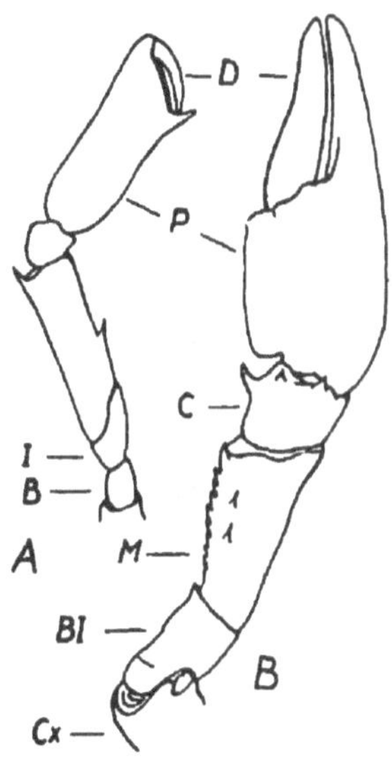

Abb. 29. *A* 1. Pereiopod von *Crangon crangon* (L.) mit Subchela. *B* 1. Pereiopod von *Cambarus affinis* (Say) mit Chela. *B* Basis, *C* Carpus, *Cx* Coxa, *D* Dactylus, *I* Ischium, *M* Merus, *P* Propodus.

Die ♀ der Peracarida besitzen innen an den Coxen einiger oder aller Thoraxbeine sogenannte Oostegite, blattförmige oder spangenartige Anhänge, die zwischen den Beincoxen einen Brutraum (Marsupium) bilden. Das Dach des Marsupiums ist die Ventralseite der Thoraxsegmente, die Seiten und der Boden werden von den Oostegiten geliefert. In diesen Brutraum werden die Eier abgelegt, die sich dort auch sehr weitgehend entwickeln. Die Oostegite entstehen allmählich bei den zur Geschlechtsreife führenden Häutungen oder aber plötzlich bei einer einzigen Häutung. Nach dem Entlassen der Brut wird bei manchen Formen das Marsupium wieder zurückgebildet.

Die Abdominalbeine oder Pleopoden zeigen meist den typischen Spaltfußbau. Beide Äste haben oft einen starken Borstenbesatz. Manchmal sind die Pleopoden auch in wechselnder Zahl reduziert oder völlig rückgebildet. Das 1. und 2. Paar sind beim ♂ meist zu Begattungshilfsorganen geworden. Die Uropoden, das Beinpaar des 6. Abdominalsegments, sind oftmals verbreitert und bilden dann mit dem Telson einen Schwanzfächer.

Ein typisches Kennzeichen der Malacostracen ist der Kaumagen, eine magenartige Erweiterung des Vorderdarmes, die mit kräftigen Chitinleisten und Filterrinnen ausgerüstet ist. Hier wird die Nahrung mit Verdauungssäften durchknetet und dann, je nach ihrer Verwertbarkeit, den Mitteldarmdrüsen zur Resorption bzw. dem Enddarm zur Ausscheidung zugeführt (Abb. 10).

In der Entwicklung tritt häufig eine als Zoëa bezeichnete Larvenform auf, die bei keiner anderen Crustaceen-Klasse vorkommt. Die Zoëa ist eine Schwimmlarve, bei der die Entwicklung des Abdomens der des Thorax vorauseilt. Während nämlich ihr Thorax noch völlig ungegliedert und ohne Extremitäten ist, zeigt das Abdomen bereits eine deutliche Gliederung und am Telson eine Furca.

System: 1. Unterklasse: *Phyllocarida*
- 1. Ordnung: *Leptostraca*

2. Unterklasse: *Hoplocarida*
- 2. Ordnung: *Stomatopoda*

3. Unterklasse: *Syncarida*
- 3. Ordnung: *Anaspidacea*

4. Unterklasse: *Eucarida*
- 4. Ordnung: *Euphausiacea*
- 5. Ordnung: *Decapoda*

5. Unterklasse: *Peracarida*
- 6. Ordnung: *Thermosbaenacea*
- 7. Ordnung: *Mysidacea*
- 8. Ordnung: *Amphipoda*
- 9. Ordnung: *Cumacea*
- 10. Ordnung: *Tanaidacea*
- 11. Ordnung: *Isopoda*

Die verwandtschaftlichen Verhältnisse der einzelnen Ordnungen zueinander sind aus Abb. 30 zu ersehen.

1. Unterklasse: *Phyllocarida*

Abdomen aus 7 Segmenten zusammengesetzt, dem letzten fehlen Extremitäten. Telson mit Furca. Thoraxbeine blattförmig. Mit 2klappigem Carapax.

1. Ordnung: *Leptostraca*

Kennzeichen: Meeresbewohner mit 2klappigem Carapax, der Kopf, Thorax und einen Teil des Abdomens umhüllt und dem Vorderkörper ein aufgetriebenes Aussehen gibt. Vorn trägt der Carapax ein bewegliches Rostrum. Thorax mit 8 Paar blattförmigen Beinen. Am 7gliedrigen Abdomen die ersten 4 Segmente mit großen, 2ästigen Pleopoden, die folgenden zwei mit kleinen, rudimentären, 1ästigen Pleopoden; das letzte Abdominalsegment ohne Extremitäten. Telson mit 1 Paar blattförmigen Furcalanhängen.

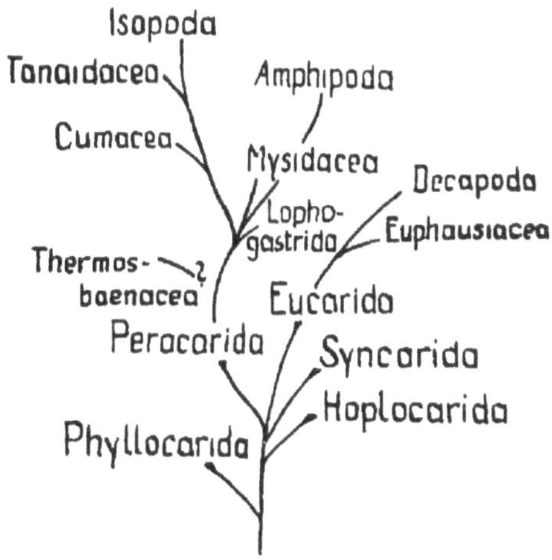

Abb. 30. Phylogenie der Malacostraca-Ordnungen. — Nach Remane verändert

Die Leptostracen sind eine nur aus wenigen Arten bestehende, nur im Meer vorkommende Krebsordnung, die auffällige Unterschiede zu allen anderen Malacostracen zeigt, so den 2klappigen Carapax, der mit dem dorsalen Teil des Kopfes verwachsen ist und durch einen Schließmuskel zusammengezogen werden kann; weiter die blattförmigen Thoraxbeine, die an die Blattbeine der Anostracen erinnern; das 7gliedrige Abdomen und die Furca. Wegen dieser Baueigentümlichkeiten war die systematische Stellung der Leptostracen lange Zeit umstritten. Einige

Merkmale weisen sie aber als typische Malacostracen aus: der 8gliedrige Thorax, der Kaumagen, die Lage der Geschlechtsöffnung. Auch die Thoraxbeine haben durchaus nichts mit den Blattbeinen der Anostracen zu tun, sie bestehen vielmehr aus einem 2gliedrigen Protopoditen, der einen wohl ursprünglich 5gliedrigen Endopoditen und einen ungegliederten Exopoditen trägt. Außerdem entspringt dem Endopoditen ein meist langer und breiter Epipodit, der das blattförmige Aussehen des Beines hervorruft.

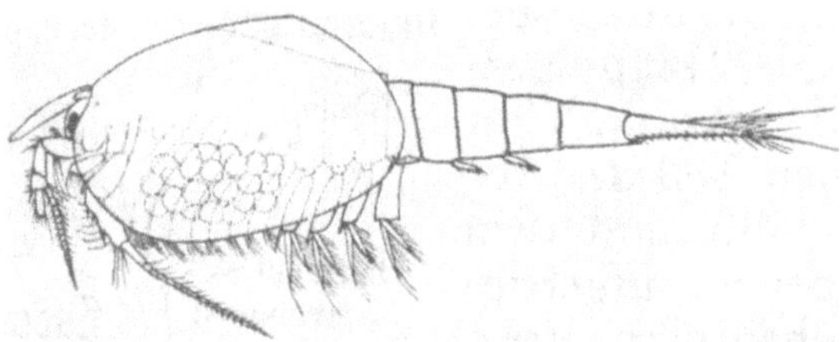

Abb. 31. *Nebalia bipes* (Fabricius). Eiertragendes Weibchen. Länge etwa bis 12,5 mm. — Nach G. O. Sars

Nebalia bipes (Fabricius) [Abb. 31] ist ein auf schlammigem Untergrund in Küstennähe lebender Bewohner des arktischen und atlantischen Ozeans und des Mittelmeeres. Sie ist vorwiegend Partikelfresser, ernährt sich also von im Wasser aufgeschwemmten Teilchen, die mit Hilfe der Thoraxbeine ausfiltriert werden. Durch rhythmisches Schlagen dieser Beine wird ein Wasserstrom erzeugt, der auf der Ventralseite des Tieres von vorn nach hinten verläuft. Die Endopodite der Thoraxbeine sind mit langen, nach innen gerichteten Borstenreihen ausgerüstet, die die Kammern in der Mitte des Körpers zwischen den Beinen wie Gitter versperren. Die Borsten halten die Nahrungspartikel zurück, befördern sie in die Nahrungsgrube auf der Mediane der Ventralseite und schließlich in dieser nach vorn zu den Mundwerkzeugen. Diese sind jedoch auch in der Lage, größere Brocken aufzunehmen und zu zerkleinern. Ein langer, nach hinten gerichteter Taster der Maxillula dient zur Reinigung der Innenfläche des Carapax.

Nicht zur Filtration geeignet sind die Thoraxbeine von *Nebaliopsis typica* G. O. Sars, die pelagisch in größeren Tiefen lebt und sich anscheinend vorwiegend von Fischeiern ernährt.

Die Leptostracen besitzen gestielte Komplexaugen. Der Exkretion dient eine gut entwickelte Antennendrüse.

Die Eier werden vom ♀ an den Borsten der Thoraxbeine festgehalten und machen dort ihre Entwicklung fast bis zu Ende durch. Das ♀ muß während dieser Zeit die der Nahrungsaufnahme dienenden Beinbewegungen einstellen. Das Schwimmen erfolgt nur mit Hilfe der 4 vorderen Pleopodenpaare.

Leptostracen sind bereits seit dem Cambrium bekannt. Sie stellen die primitivsten lebenden Malacostracen dar.

Einzige Familie: *Nebaliidae*.

Alle folgenden Unterklassen haben niemals einen 2klappigen Carapax, nie eine Furca (höchstens einige Larven) und stets nur 6 Abdominalsegmente. Die Thoraxbeine sind mehr oder weniger stabförmig und deutlich gegliedert.

2. Unterklasse: *Hoplocarida*

Mit Carapax, der mindestens die 4 letzten Thoraxsegmente frei läßt. Augen- und Antennularsegment frei beweglich. Protopodit der Antennen 2gliedrig. Mandibel ohne Lacinia mobilis. Herz durchzieht Thorax und Abdomen. Entwicklung mit frei schwimmenden Larven und Metamorphose.

2. Ordnung: *Stomatopoda*, Maulfußkrebse

Kennzeichen: Meeresbewohner mit langem, kräftigem Körper von eigentümlicher Gliederung (Abb. 32). Augen- und Antennularsegment frei beweglich, Antennensegment und die Segmente der Mundgliedmaßen verschmolzen, aber vom Thorax getrennt, die 4 vorderen und ein Teil des 5. Thoraxsegments ebenfalls verschmolzen, der hintere

Teil des 5. Thoraxsegments bleibt frei, die 3 hinteren Brustsegmente und die 6 Abdominalsegmente gleichfalls frei beweglich. Abdomen kräftig und lang. Carapax mit dem hinteren Kopfteil verwachsen und den Körper vom Antennensegment bis zur Mitte des 5. Thoraxsegments überdeckend. Rostrum frei beweglich.

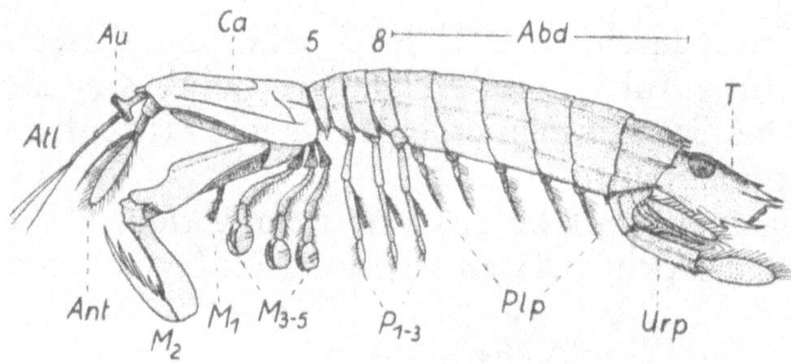

Abb. 32. *Squilla mantis* Latreille. *Abd* Abdomen, *Ant* Antenne, *Atl* Antennula, *Au* Auge, *Ca* Carapax, *M*1-5 Maxillipeden, *P*1-3 Pereiopoden, *Plp* Pleopoden, *T* Telson, *Urp* Uropoden, *5-8* freie Thoraxsegmente. Nat. Länge ca. 15 cm.

Von den 5 vorderen Thoraxbeinen (bei den Erwachsenen immer ohne Exopodit) dient das 1. Paar als Putzfuß. Das 2. Paar ist zu den für die Ordnung charakteristischen, großen Raubbeinen entwickelt (der scharf gezähnte Dactylus wird wie ein Taschenmesser gegen den Propodus geschlagen, Abb. 32, *M 2)*; ähnlich sind auch die folgenden 3 Paare gebaut, nur kleiner und weniger kräftig. Diese vorderen 5 Beine werden auch als Maxillipeden bezeichnet. Sie besitzen an den Coxen diskusförmige Blattkiemen. Die letzten 3 Beinpaare des Thorax sind 2ästige Gehbeine.

Die ersten 5 Abdominalsegmente tragen 2ästige Pleopoden, deren Exopodite mit schlauchförmig verästelten Kiemen ausgerüstet sind. Diese Abdominalkiemen sind sekundär entstanden und treten erst am Ende des Larvenlebens auf. Die Pleopoden sind Schwimmbeine. Die Uropoden (6. Abdominalsegment) sind plattenartig und bilden mit dem Telson einen Schwanzfächer.

Die erwachsenen Tiere werden z. T. äußerst selten angetroffen. Sie leben meist im Litoral, entweder im Schlamm bzw. im Sand, wo sie sich einwühlen oder Röhren bauen, oder sie bewohnen Felsen, Korallenriffe oder Austernbänke, auch hier meist Röhren oder andere Höhlungen. Sie sind ausgesprochene Raubtiere. Als Nahrung dienen vor allem Krebse (z. B. Garnelen), die von den großen Raubfüßen durch blitzartiges Vorschnellen gepackt, von den Putzfüßen betastet und schließlich von den 3 Paar kleinen Maxillipeden zerrissen werden. Das ♀ stellt während der Brutpflege die Nahrungsaufnahme ein.

Die Eier werden in einem unregelmäßigen Klumpen abgelegt, der vom ♀ mit den 3 hinteren, kleinen Maxillipeden gepackt und zu einer elliptischen Scheibe geknetet wird; er enthält bei *Squilla mantis* bis zu 50 Tausend Eier. Der Laich wird zwischen diesen Beinen bis zum Ausschlüpfen der Larven getragen, bewegt und geknetet (Fernhalten von Schädlingen?).

Aus den Eiern schlüpfen je nach der Gattung 2 verschiedene Larvenformen (Antizoëa bzw. Pseudozoëa), die pelagisch leben und nach etwa 5 Häutungen in die allen Stomatopoden gemeinsame Synzoëa übergehen, gleichfalls eine Schwimmlarve. Nach weiteren 4—5 Häutungen ist das erste am Boden lebende Stomatopoditstadium erreicht. Es erfolgt dabei eine Metamorphose, vor allem des Carapax. Die frei schwimmenden Larven werden oft in riesigen Schwärmen im Pelagial angetroffen.

Wirtschaftliche Bedeutung haben *Squilla mantis* Latreille im Mittelmeer und *Squilla oratoria* de Haan in Japan.

Einzige Familie: *Squillidae*. Mit 8 Gattungen und etwa 178 Arten.

3. Unterklasse: *Syncarida*

Ohne Carapax. 1. Thoraxsegment frei oder mit dem Kopf verwachsen. Protopodit der Antenne 2-, selten 3gliedrig. Mandibel ohne Lacinia mobilis. Thoraxgliedmaßen fast alle mit Endo- und Exopodit. Entwicklung direkt.

3. Ordnung: *Anaspidacea*

Kennzeichen: Carapax fehlt. Körper schlank und etwa zylindrisch. Thorax- und Abdominalsegmente in Form und Größe untereinander sehr ähnlich. *Bathynellidae* mit 8 freien Thoraxsegmenten, bei den beiden anderen Familien das 1. Segment mehr oder weniger deutlich mit dem Kopf verschmolzen. Pleopoden rudimentär oder ganz fehlend. Uropoden deutlich.

Die früher lediglich fossil bekannten Tiere kommen nur im Süßwasser vor. Wegen ihrer Kleinheit und zum Teil sehr verborgenen Lebensweise wurden sie erst spät entdeckt (die erste Art 1893). Sie leben in Tasmanien in Seen oder Bergflüssen, in Europa, Afrika und Japan jedoch in unterirdischen Gewässern. Alle Arten scheinen recht stenotherm zu sein.

Familie: *Anaspididae.* Mit 7 freien Thoraxsegmenten. Komplexaugen auf beweglichen Stielen oder augenlos. Thoraxbeine 2ästig. Pleopoden mit langen, stark beborsteten Exopoditen als Schwimmruder. Im Basalglied der Antennula eine Statocyste, die niemals Statolithe enthält; als Schwerekörper dienen anscheinend die Sinneszellen selbst, die am distalen, frei ins Lumen der Statocyste ragenden Ende klöppelartig verdickt sind.

Die Eier werden, wie bei den anderen Familien auch, einzeln an Pflanzenteilen abgelegt. Die Ernährung erfolgt vor allem durch Filtration feinster Partikel. Die Maxillen erzeugen einen Wasserstrom, der von hinten nach vorn gerichtet ist und durch die Borstengitter der Maxillen und des 1. Thoraxbeins läuft. Daneben können die Tiere aber auch mit den Mundgliedmaßen gröbere Partikel aufnehmen, Algen abweiden und kleine tote Wassertiere benagen.

Länge bis 50 mm.

Anaspides tasmaniae Thomson, *Paranaspides lacustris* Smith, beide in Tasmanien.

Familie: *Koonungidae.* Mit 7 freien Thoraxsegmenten. Augen sitzend. Pleopoden alle 1ästig. *Koonunga cursor* Sayce. In der Nähe von Melbourne in Wasserlöchern.

Familie: *Bathynellidae.* Mit 8 freien Thoraxsegmenten. Ohne Augen. Pleopoden fehlen oder sind nur am 1. Abdominalsegment als 2gliedrige Lamelle entwickelt. Kein Filtermechanismus. *Bathynella natans* Vejdovsky lebt in unterirdischen Gewässern Mitteleuropas. *Bathynella morimotoi* Uéno in Japan schlüpft aus dem Ei mit den Extremitäten bis zum 4. Thoraxbein, die restlichen erscheinen in der ganz ungewöhnlichen Reihenfolge 5, 6, 8 und 7. *Thermobathynella adami* Capart wurde in Belgisch Kongo in einer warmen Quelle (55 ° C) gefunden.

4. Unterklasse: *Eucarida*

Carapax vorhanden und mit allen Thoraxsegmenten dorsal verwachsen. Protopodit der Antenne meist 2gliedrig. Augen stets auf Stielen. Erwachsene ohne Lacinia mobilis an der Mandibel. Herz kurz. Kiemen nur in der Thoraxregion. Entwicklung meist mit freien Larven und Metamorphose.

4. Ordnung: *Euphausiacea*

Kennzeichen: Carapax mit allen Thoraxsegmenten dorsal verwachsen, aber nie die Kiemen der Thoraxbeine verdeckend. Thoraxbeine sind 2ästige Spaltbeine, alle 8 Paar untereinander ähnlich, keine Maxillipeden. Aus dem Ei schlüpft eine Naupliuslarve.

Die Euphausiaceen kommen nur im Meer vor und leben rein pelagisch, meist in der Hochsee. Viele Arten halten sich am Tage in größeren Tiefen auf und kommen nachts an die Oberfläche. Fast alle Arten besitzen Leuchtorgane. Die im Durchschnitt 20—25 mm lang werdenden Tiere haben einen garnelenartigen Habitus und sind meist farblos durchscheinend (Abb. 33).

Die Coxa aller Thoraxbeine trägt einen Epipoditen (von vorn nach hinten an Größe zunehmend) mit oft stark verzweigten Kiemenschläuchen. Der Exopodit ist lang und außen stark beborstet, er dient als Schwimmorgan; der Endopodit dagegen ist kurz. In der Regel sind alle Beinpaare gleich, doch können das letzte oder die letzten Paare zurückgebildet werden (Kiemen bleiben aber immer erhalten). Auch wird bei manchen Arten das 2. oder 3. (selten beide) Thoraxbein verlängert und dient dann als Raubfuß, wobei es manchmal auch zur Scherenbildung kommen kann.

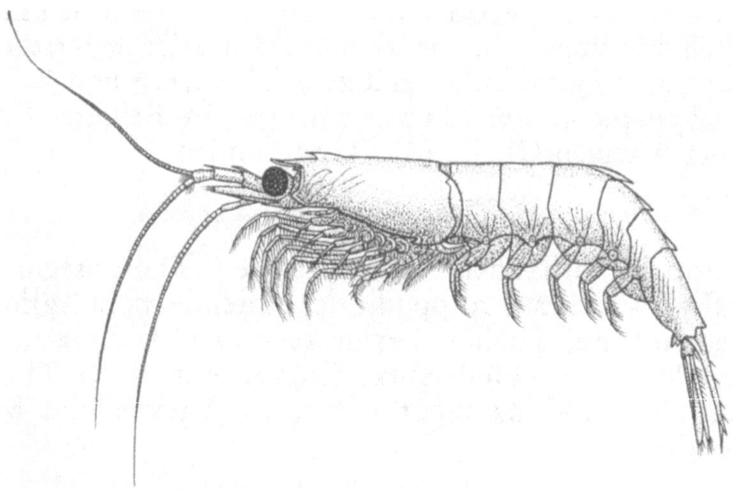

Abb. 33. *Thysanopoda tricuspidata* Milne Edwards *(Euphausiacea)*, ♀. Eine in den warmen Teilen des Atlantischen, Indischen und Pazifischen Ozeans weit verbreitete Art, die von der Oberfläche bis in 3500 m Tiefe geht. Sie erreicht bis 27 mm Länge. — Nach G. O. Sars 1885

Die Pleopoden sind bei allen Arten wohlentwickelte Spaltfüße, die Äste sind stark beborstet und unterstützen die Thoraxbeine beim Schwimmen. Beim ♂ sind das 1. und 2. Paar zu Begattungshilfsorganen umgebildet. Die Uropoden sind abgeflacht und bilden mit dem schmalen spitzen Telson einen Schwanzfächer.

Die gestielten Facettenaugen können eine Teilung aufweisen in ein Frontalauge und ein Seitenauge, die im Bau voneinander abweichen. Diese Augenteilung zeigen vor allem die Arten mit Raubfuß, die wenig schwimmen und still verharrend auf Beute lauern.

Die Eier werden entweder frei ins Wasser abgelegt oder lose zwischen den Thoraxbeinen gehalten oder aber mit einer klebrigen Masse zu Eiballen geformt, die ebenfalls am Körper getragen werden. Aus dem Ei schlüpft ein Nauplius. In einer Anzahl von Häutungen durchläuft das Tier mehrere Larvenstadien, wobei allmählich die endgültige Körperform und Gliedmaßenzahl erreicht werden.

Die Leuchtorgane besitzen Linse und Reflektor und sind durch Muskeln beweglich. Leuchtzellen liegen hinter und vor der Linse. Es sitzt je ein Organ in den Augenstielen, in der Coxa des 2. und 7. Thoraxbeins und in den Sterniten der ersten 4 Abdominalsegmente. Diese Zahl ist bei einigen Arten reduziert.

Die mit geteilten Augen und Raubfuß ausgerüsteten Arten sind Räuber, die meist einzeln leben. Andere Arten bilden mit den nach vorn gerichteten und ausgebreiteten Endopoditen der Thoraxbeine eine Art Fangkorb, mit dem sie kleinere Beutetiere auffischen. Bei wieder anderen dienen die dicht beborsteten Endopodite als Filterapparat. Die Fischer und Filtrierer leben oft in großen Schwärmen. Das Leuchten hat unter Umständen eine Bedeutung für den Zusammenhalt der Schwärme. Manche Arten bilden in großen Mengen die Nahrung von Fischen (z. B. Hering) und Walen.

Einzige Familie: *Euphausiidae* mit 11 Gattungen und etwa 85 Arten.

5. Ordnung: *Decapoda* (Zehnfußkrebse)

Kennzeichen: Carapax mit allen Thoraxsegmenten dorsal verwachsen und die Kiemen der Thoraxbeine verdeckend. Die 3 vorderen Beinpaare des Thorax zu Maxillipeden umgebildet, die 5 hinteren Paare sind 1ästige Pereiopoden.

Die Biologie der Decapoden ist äußerst vielseitig, da sie in den verschiedensten Lebensräumen vorkommen, vom Meeresstrand bis in die Tiefsee, vom tropischen Korallenfelsen bis in die Polarmeere. Auch das Süßwasser wird von ihnen bewohnt, ja selbst dem Landleben haben sich einige

Arten angepaßt. Da die Decapoden vorwiegend größere Formen sind, ist ihr Körper wohl am besten von allen Crustaceen durchorganisiert. Die Organisationshöhe kommt zum Ausdruck im weit verzweigten Blutgefäßsystem, in der Festigkeit des Panzers und der guten Entwicklung der Sinnesorgane und der Muskulatur. Auch der Aktionsradius ist bei den Zehnfüßern größer als bei allen anderen Krebsen. So legt eine Strandkrabbe *(Carcinus maenas)* die Strecke von 5—6 m in ca. 6 sec zurück und bemerkt einen Menschen aus 10—45 m Entfernung. Der Kokosdieb *(Birgus latro)* erklettert hohe Kokospalmen, und viele Krabben des tropischen Meeresstrandes bauen sich metertiefe Gänge, deren Eingang sie gegen Artgenossen heftig verteidigen.

Der Körper setzt sich aus dem vom Carapax überdeckten Cephalothorax und dem Abdomen zusammen. Der Cephalothorax besteht aus den fest miteinander verwachsenen Kopf- und Brustsegmenten. Nur selten sind das letzte oder die letzten beiden Brustsegmente frei beweglich (z. B. Flußkrebse). Der Carapax hängt an den Seiten weit über und überwölbt die Atemhöhle, in der die Kiemen liegen.

Die Komplexaugen sitzen stets auf beweglichen Stielen. Sie können sich bewegende Gegenstände fixieren, und auch ein Farbsehen ist mit ihnen in gewissem Umfang möglich. Das basale Schaftglied der Antennula enthält eine Statocyste.

Die Mundwerkzeuge sind immer kauend. Als Besonderheit trägt die Maxille einen mondsichelförmigen Anhang, der als Scaphognathit bezeichnet wird und der den Atemwasserstrom erzeugt. Gleichfalls in den Dienst der Nahrungsaufnahme sind die ersten 3 Beinpaare des Thorax getreten. Diese Maxillipeden sind typische Spaltbeine. Der Exopodit fehlt dagegen beim erwachsenen Tier stets an den 5 Paar Pereiopoden, die als Stabbeine zum Laufen dienen. Sehr häufig treten an ihnen Scherenbildungen auf, vor allem am 1. Pereiopoden (Abb. 29). Als Schwimmbeine fungieren die abgeflachten 5. Pereiopoden der *Portunidae*. Der 2. Pereiopod ist bei manchen Garnelen Putzfuß. Die Flußkrebse reinigen sich mit dem 2. und 3. und vor allem mit dem 5. Pereiopoden. Bei den Krabben *(Brachyura)* sind durch die starke Verkürzung des Cephalothorax die Coxen so dicht zusammengerückt, daß sich die Beine beim Vorwärtsgang gegenseitig behindern würden. Die Krabben laufen daher in seitlicher Richtung. Die 1. Pereiopoden beteiligen sich übrigens bei den schreitenden Arten meist nicht an der Bewegung. Sie werden vielmehr mit den großen, halbgeöffneten Scheren als Abwehrwaffen vor den Körper gehalten. Die restlichen 4 Pereiopodenpaare werden beim Laufen so gesetzt, daß sie sich gegenseitig unterstützende Dreiecke bilden (Abb. 34). Die Flußkrebse können durch ruckartiges Einschlagen des Hinterleibes unter den Cephalothorax auch eine kurze Strecke dicht über dem Boden rückwärts schnellen. Als Ruder dient dabei der breite Schwanzfächer.

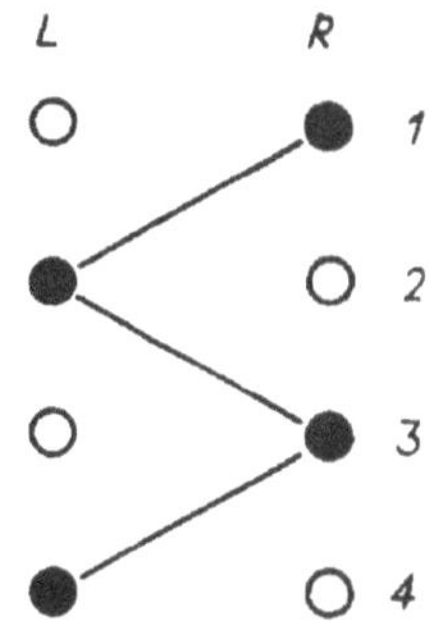

Abb. 34. Schema der Laufbeinbewegung eines Flußkrebses beim geraden Vorwärtsgang. *1-4* Laufbeine, *L* Links, *R* Rechts.

Die 5 Pleopodenpaare des Abdomens sind ursprünglich 2 ästige Schwimmbeine, wie z. B. bei allen *Natantia*. Sekundär sind sie aber in den Dienst der Fortpflanzung getreten: Die ♀ heften an die Pleopoden die sich entwickelnden Eier an (außer *Penaeidea)*, bei den ♂ dagegen differenzieren sich die Pleopoden 1 und 2 zu Gonopoden, die bei der Begattung das Sperma auf das ♀ übertragen (wenige Ausnahmen). Ein Teil der Anomuren und Brachyuren benutzt die Pleopoden überhaupt nicht mehr zum Schwimmen, sondern allein zu sexuellen Zwecken. Dementsprechend sind sie bei diesen Gruppen auch in verschieden starkem Maße reduziert. Das Extremitätenpaar des 6. Abdominalsegments ist zu breiten, abgeflachten Uropoden geworden, die mit dem Telson einen Schwanzfächer bilden. Dieser dient beim Schwimmen als Steuer, beim Rückstoß als Ruder. Bei den Krabben, die ausschließlich laufen (außer *Portunidae)*, sind die Uropoden verloren gegangen. Bei den *Paguridae* sind sie, wie der gesamte Hinterleib, asymmetrisch entwickelt und verankern das Tier in der Schneckenschale.

Die Atmung erfolgt durch die Kiemen der 8 Thoraxbeine. Nach der Lage unterscheidet man Podobranchien, die vom Epipoditen bzw. der Coxa des Beins entspringen, Arthrobranchien, die der Gelenkhaut zwischen Coxa und Körperwand aufsitzen, und Pleurobranchien, die dorsal von dieser Membran an der Körperwand sitzen. Im Höchstfall entspringen an jedem Körpersegment 1 Paar Podo-, 2 Paar Arthro- und 1 Paar Pleurobranchien. Die Kiemen liegen in der von den Seitenfalten des Carapax (Branchiostegit) überdachten Kiemenhöhle. Der Carapax legt sich mit seinem unteren Rand meist dicht den Beinhüften an. Zwischen den Coxen aber bleiben Öffnungen erhalten, durch die das Atemwasser einströmen kann. Nach vorn läuft die Kiemenhöhle in einen schmalen Kanal aus, in der der Exopodit der Maxille, der Scaphognathit liegt, der durch schnelle wippenartige Bewegungen das verbrauchte Atemwasser aus der Kiemenhöhle heraustreibt. Der Unterdruck, der dabei in der Atemhöhle entsteht, saugt immer wieder neues Wasser durch die Inspirationsöffnungen ein. Bei den Krabben ist jederseits nur eine Einströmöffnung vorhanden, die vor der Coxa des großen Scherenfußes (Pereiopod 1) liegt. Verschiedene Landdecapoden, wie *Birgus latro*, haben die Kiemen rudimentiert und dafür eine für die Luftatmung geeignete Lungenhöhle entwickelt. Hauptatmungsort ist hier die Innenwand des Branchiostegiten. Neben der Atmung dienen die Kiemen anscheinend auch der Exkretion, vor allem wohl der Ausscheidung von Ammoniak. Das primäre Exkretionsorgan ist indessen die Antennendrüse (beim Flußkrebs als „grüne Drüse“ bekannt).

Die Ernährung der Decapoden ist recht vielseitig. Wohl die allermeisten Arten sind Fleischfresser, manche sogar ausschließlich. Andere Formen, wie unsere Flußkrebse, sind omnivor, sie verzehren neben tierischer Nahrung auch Pflanzenteile, Algen usw. Beinahe ausschließlich Pflanzenfresser sind *Birgus* und Verwandte. Auch einige Schlammfresser sind bekannt. Kannibalismus herrscht bei den meisten Arten, vor allem tote Exemplare werden oft angefressen, wie überhaupt Aas für viele Decapoden eine begehrte Nahrung zu sein scheint. Arten, die größere Beutestücke fangen, ergreifen diese im allgemeinen mit den großen Scheren, die oft regelrecht als Werkzeuge benutzt werden. So faßt z. B. der Hummer *(Homarus gammarus)* Mießmuscheln mit der Zwickschere und führt sie der großen, kräftigen Knackschere zu, die die Schale der Muschel zertrümmert. Die Beute wird dann den 3. Maxillipeden übergeben. Ein echtes Kauen kommt bei den Decapoden, wie überhaupt bei Crustaceen, nicht vor. Die Nahrungsteile werden vielmehr von den Mandibeln eingeklemmt und mit den Maxillipeden solange vom Munde weggezogen bis ein Stück abreißt, das in den Mund gestopft werden kann.

Von ganz wenigen Ausnahmen abgesehen sind die Decapoden getrenntgeschlechtlich. Bei den meisten Arten schließt das ♂ die Samenzellen in eine Spermatophore ein, die von den Gonopoden auf das ♀ übertragen wird. Die Befruchtung der Eier erfolgt oft erst bei der Eiablage, die unter Umständen lange Zeit nach der Begattung stattfindet. Bei den Brachyuren können die Spermien allerdings bis ins Ovar vordringen und bereits dort die Befruchtung vollziehen. Die *Penaeidea* legen die Eier frei ins Wasser ab, alle anderen Decapoden heften sie an die Pleopoden und tragen sie dort bis zum Ausschlüpfen der Jungen. Diese werden je nach der Art in recht verschiedenem Entwicklungszustand aus den Eiern entlassen. So schlüpft bei manchen *Penaeidea* ein Nauplius, also die primitivste Crustaceen-Larve, bei den Flußkrebsen dagegen ein den Erwachsenen schon sehr ähnliches Jungtier. Die häufigste Larvenform ist jedoch die Zoëa, eine langgestreckte Larve mit gegliedertem Abdomen und spaltfüßigen Pereiopodenanlagen.

Die rund 8300 Arten der Zehnfüßer verteilen sich auf 2 gut charakterisierte Unterordnungen.

1. Unterordnung: *Natantia*, Garnelen

Körper meist seitlich komprimiert. Rostrum fast immer vorhanden, meist als dünne, aufrecht stehende Platte. Abdomen kräftig, länger als der Cephalothorax, mit Schwanzfächer. 1. Abdominalsegment nicht kürzer als die übrigen. Pleopoden zum Schwimmen geeignet. An den Pereiopoden Basis und Ischium getrennt (Abb. 29 *A*).

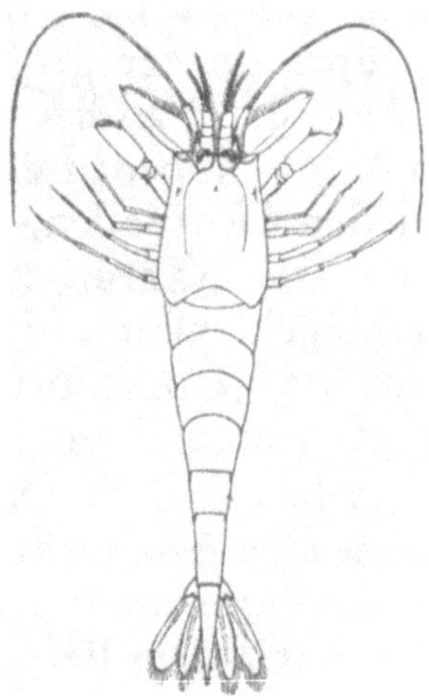

Abb. 35. *Crangon crangon* (L.) (*Decapoda, Natantia, Crangonidae*). Diese wirtschaftlich wichtigste Garnele kommt als „Nordseekrabbe" in den Handel. Sie ist an den europäischen Küsten vom Weißen bis ins Mittel- und Schwarze Meer verbreitet. Die stellenweise sehr häufige Art lebt meist im oberen Litoral, geht jedoch auch bis etwa 90 m Tiefe. Die Durchschnittslänge beträgt 40—50 mm.
Nach Holthuis 1950

Tribus: *Penaeidea*. Schlüpfen zum Teil schon als Nauplius.

Tribus: *Eucyphidea*. Hierher die Hauptmasse der Garnelen. *Atyaëphyra desmaresti* (Millet) neuerdings ins Süßwasser Deutschlands eingewandert. *Hippolyte varians* Leach mit ausgeprägtem Farbwechsel. *Palaemonetes varians* (Leach) im Brackwasser der Nord- und Ostseeküste. *Leander* Desmarest mit mehreren Arten in der Nord- und Ostsee. *Crangon crangon* (L.) [Abb. 35], der Granat oder die Nordsee-„Krabbe", wird in großen Mengen zu Krebsfleisch verarbeitet.

2. Unterordnung: *Reptantia*

Körper meist dorsoventral abgeflacht. Rostrum, wenn vorhanden, dorsoventral abgeflacht. Abdomen kräftig und lang oder kurz und unter den Cephalothorax geschlagen. 1. Abdominalsegment kürzer als die übrigen. An den Pereiopoden Basis und Ischium meist verschmolzen (Abb. 29 *B*). Die Tiere können primär nicht schwimmen.

Abteilung: *Palinura.* Hierher die Langusten *(Palinuridae)* und Bärenkrebse *(Scyllaridae).*

Abteilung: *Astacura.* Mit den Hummern *(Homaridae),* z. B. *Homarus gammarus* (L.) [Abb. 36] und *Nephrops norvegicus* (L.), und mit den Flußkrebsen *(Astacidae),* z. B. *Astacus astacus* (L.), der deutsche Edelkrebs, und *Cambarus affinis* Say, eine nach Deutschland eingeführte amerikanische Art.

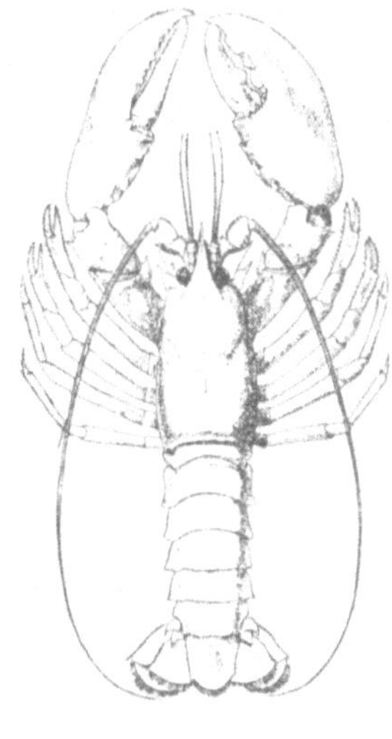

Abb. 36. *Homarus gammarus* (L.) *(Decapoda, Astacura, Homaridae),* der europäische Hummer. Das Tier ist Felsbodenbewohner und kommt an den Küsten Europas von den Lofoten bis ins Mittel- und Schwarze Meer vor, es lebt im Litoral bis in 70 m Tiefe. Die mittlere Länge beträgt 350 mm, doch wurden auch Exemplare von 900 mm Länge gefangen. Man beachte: links die Zwick-, rechts die Knackschere. — Nach Holthuis 1950

Abteilung: *Anomura.* Hierher die Maulwurfskrebse *(Callianassidae),* die in selbstgegrabenen Gängen leben, und die Einsiedlerkrebse *(Paguridae),* die in Schneckenhäusern leben, auf deren Mündung oft eine Aktinie oder Zoantharie sitzt; das bekannteste, aber auch extremste Beispiel einer solchen Symbiose ist *Eupagurus prideauxi* (Leach), der „seine" Aktinie *(Adamsia palliata)* beim Umzug in ein neues Schneckenhaus mitnimmt; auch Schwämme überziehen bei manchen Arten die Schneckenschale und wachsen über deren Mündung hinaus, so daß der Krebs die Schale nicht mehr zu wechseln braucht. Landbewohner sind die *Coenobitidae* mit *Birgus latro* (L.), dem Kokosdieb.

Abteilung: *Brachyura* (Krabben). Abdomen unter den Cephalothorax geschlagen. Sehr artenreich. *Hyas araneus* (L.), die Seespinne, maskiert sich mit zurechtgeschnittenen Schwammstücken, die auf Rücken und Beinen an Angelhaaren festgehakt werden. *Portunidae* (Schwimmkrabben) mit abgeflachtem 5. Pereiopod als Schwimmbein, z. B. *Car-*

cinus maenas (L.), die Strandkrabbe. *Potamonidae* (Süßwasserkrabben) in Bächen Südasiens, Afrikas und Mittelamerikas. *Cancer pagurus* L. *(Cancridae)*, der Taschenkrebs. *Eriocheir sinensis* H. Milne Edwards *(Grapsidae)*, die Wollhandkrabbe (Abb. 37), aus China nach Deutschland eingeschleppt, wandert in den Flüssen aufwärts, muß aber zur Fortpflanzung immer wieder ins Meer zurück.

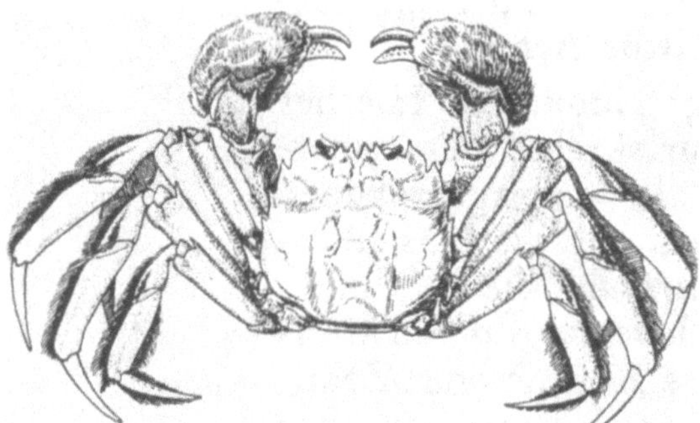

Abb. 37. *Eriocheir sinensis* H. Milne Edwards *(Decapoda, Brachyura, Grapsidae)* ♂. Die chinesische Wollhandkrabbe ist aus ihrer Heimat (China) in die Unterelbe eingeschleppt worden (etwa um 1910) und besiedelt heute die Flußsysteme der Elbe, Weser und Ems. Die Jungtiere wandern in den Flußläufen aufwärts, die Erwachsenen müssen jedoch zur Begattung und Eiablage wieder ins Meer zurück. Carapaxbreite bis 75 mm. — Nach Schellenberg 1928

5. Unterklasse: *Peracarida*

Mit oder ohne Carapax. Der Carapax, wenn vorhanden, nie mit allen Thoraxsegmenten verwachsen. Mandibel mit Lacinia mobilis. Protopodit der Antenne 3gliedrig. ♀ an der Ventralseite des Thorax mit Bruttasche (Marsupium) aus Oostegiten. Schlüpfende Jungtiere nur wenig von den Erwachsenen unterschieden.

Siewing (1954) trennt auf Grund anatomischer Befunde die *Lophogastrida* als eigene Ordnung von den *Mysidacea* ab. Jene stehen zweifellos auch den Ahnen der *Peracarida* am nächsten — wenn wir von den kaum bekannten *Ther-*

mosbaenacea absehen. Wir zögern aber trotzdem, die Trennung zu vollziehen, da die Anatomie der zwischen *Lophogastridae* und *Mysidae* stehenden Familien noch völlig unbekannt ist. Wir kennen bisher also nur die Verhältnisse bei den beiden Extremen. Eine endgültige Stellungnahme zu diesem Problem erscheint uns deshalb noch nicht am Platze. Die verwandtschaftlichen Beziehungen der Peracariden-Ordnungen zueinander sind in Abb. 30 dargestellt.

6. Ordnung: *Thermosbaenacea*

Kennzeichen: Bis zu 3,5 mm lange, farblose und augenlose Tiere mit annähernd zylindrischem Körper. Carapax vorhanden, den Kopf und die ersten 2 oder 3 Thoraxsegmente überdeckend, aber nur mit dem 1. Thoraxsegment verwachsen. Mundwerkzeuge beißend. 1. Thoraxsegment mit Maxillipeden; Thoraxsegmente 2—8 mit 2ästigen Pereiopoden, bei *Thermosbaena* die letzten beiden Segmente ohne Extremitäten. Am Abdomen nur die beiden ersten Segmente mit kleinen, 1ästigen Pleopoden. Telson groß und halbkreisförmig, frei oder mit dem 6. Abdominalsegment verschmolzen. Mit 2ästigen Uropoden. Innere Organe kaum bekannt. Sie scheinen aber im wesentlichen denen der anderen Peracariden zu gleichen. Entwicklung unbekannt. ♀ mit Marsupium wurden noch nicht gefunden.

Thermosbaena M o n o d, 1924 (1 Art), in warmen Quellen (47—48 °) in Tunis.

Monodella R u f f o, 1949 (3 Arten), in Italien und Jugoslawien.

7. Ordnung: *Mysidacea*

Kennzeichen: Mit Carapax, der höchstens mit den 3 ersten Thoraxsegmenten verwachsen ist und dem hinteren Thoraxteil nur lose aufliegt. Augen gestielt. Alle 8 Thoraxbeine sind 2ästige Spaltbeine (Abb. 38).

Die Mysidaceen sind eine vorwiegend marine Gruppe, zum Teil dringen sie ins Brackwasser ein, und wenige Arten kommen auch im Süßwasser vor. Die meisten Formen leben pelagisch und schwimmen ununterbrochen. Aber auch die in Grundnähe sich aufhaltenden Arten schwimmen fast unablässig hin und her, und echte Grundbewohner machen gleichfalls ab und zu Ausflüge ins freie Wasser. Fast alle Arten kommen in großen Schwärmen vor.

Der Carapax der im Durchschnitt 5—20 mm lang werdenden Tiere ist hinten dorsal tief ausgeschnitten und läßt

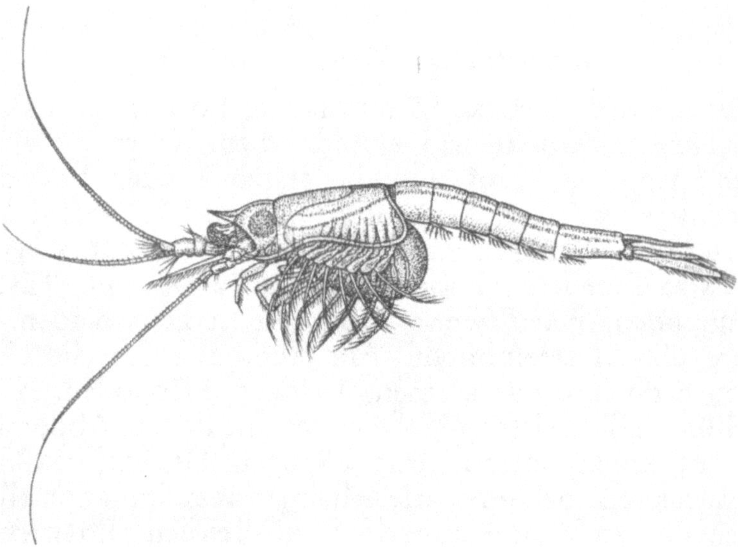

Abb. 38. *Boreomysis arctica* (Kröyer) *(Mysidacea, Mysidae)*, ♀ mit Marsupium. Die Art ist im Nordatlantik weit verbreitet und wird in Tiefen von 180 bis 1900 m angetroffen. Sie erreicht eine Länge von 27 mm. — Nach G. O. Sars 1870

so das letzte oder die letzten Thoraxsegmente frei. Seine Innenwand ist bei den *Mysidea* das Hauptatmungsorgan, da Kiemen dieser Unterordnung fehlen; nur selten treten „Pseudobranchien" an den Pleopoden auf. Die *Lophogastridea* dagegen besitzen wohlentwickelte Kiemen an den Thoraxbeinen 2—7 (manchmal auch 2—8).

Von den 8 Thoraxbeinen ist das 1. zu einem Maxillipeden umgebildet. Auch das 2. Beinpaar ist in den meisten Fällen abgewandelt und wird manchmal als Gnathopod bezeichnet, der oft eine stark beborstete Subchela trägt und dann vor allem als Putzfuß dient. Die restlichen Beine sind Laufbeine (Endopodit) und Schwimmbeine (Exopodit). Die Pleopoden der Abdominalsegmente 1—5 sind ebenfalls 2ästige Spaltbeine, sie werden bei den *Mysidea* aber oft, vor allem bei den ♀, reduziert. Bei den ♂ ist ein Ast eines Pleopoden (meist des 4.) in vielen Fällen stark verlängert. Er spielt wahrscheinlich eine Rolle bei der Spermaübertragung. Bei den *Lophogastridea* sind in beiden Geschlechtern alle Pleopoden gut entwickelt. Auch die Uropoden sind 2ästig, aber flach. Sie bilden mit dem Telson einen Schwanzfächer. Ihr Innenast trägt die für die Mehrzahl der Mysidaceen (Fam. *Mysidae)* charakteristische Statocyste.

Die Geschlechter sind getrennt. Bei *Neomysis vulgaris* (Thompson), die in unseren Küstengewässern lebt, treten im Laufe eines Jahres 2 Generationen auf. Die Sommergeneration, die im Mai/Anfang Juni schlüpft, lebt bis September/Oktober. Sie pflanzt sich im Juni/September fort und bringt 4—6 Bruten hervor. Diese im Juli/September schlüpfende Wintergeneration lebt bis Juni des nächsten Jahres und erzeugt im April/Juni in 3—4 Bruten die nächste Sommergeneration. (Angaben nach Kinne für den Nord-Ostsee-Kanal.)

Soweit bekannt, sind die Mysidaceen omnivor, bevorzugen aber tierische Nahrung. Der Nahrungsfang kann auf 3 verschiedene Arten erfolgen. 1. Schwebende Beute wird zielstrebig angesteuert. Die dabei halbgeöffneten Thoraxbeine schlagen bei Berührung zusammen und übergeben die Beute den Mundwerkzeugen. 2. Kleine Nahrungsteilchen werden während des Schwimmens ausfiltriert. Durch den Schlagrhythmus der Thoraxbeine, der gleichzeitig der Fortbewegung dient, wird ein Nahrungsstrom erzeugt, der seitlich zwischen den Basalgliedern der Beine eindringt, wobei gröbere Partikel von den Fiederborsten zurückgehalten werden. In einer ventralen Längsrinne strömt dann die im Wasser suspensierte Nahrung nach vorn, wird von den Borstenkämmen der Maxillipeden und Maxillen ausfiltriert und dem Munde zugeführt. 3. Die in Grundnähe lebenden

Arten nähern sich schräg nach vorn geneigt dem Boden und wirbeln mit ihren Extremitäten Detritus, Sand oder den Diatomeenbelag auf.

Die ca. 475 Arten gehören 2 Unterordnungen an.

1. Unterordnung: *Lophogastridea*. Vgl. S. 90. Kiemen an den Thoraxbeinen 2—7 (manchmal auch 2—8). Mit 7 Paar Oostegiten. Pleopoden in beiden Geschlechtern gut entwickelt. Keine Statocyste. *Lophogaster* M. Sars. *Gnathophausia* Willemoes-Suhm, wird bis 15 cm lang. *Eucopia* Dana, Thoraxbeine 2—7 mit Subchela.

2. Unterordnung: *Mysidea*. Thoraxbeine ohne Kiemen. Meist nur 2—3 Paar Oostegite, selten 7 Paar. Pleopoden mindestens beim ♀ in verschieden starkem Maße zurückgebildet. Die meisten der etwa 450 Arten gehören der Familie *Mysidae* an, deren Vertreter fast immer Statocysten am Innenast der Uropoden tragen. *Siriella* Dana. *Gastrosaccus* Norman. *Erythrops* G. O. Sars. *Mysis* Latreille (*M. oculata* f. *relicta* Lovén als Eiszeitrelikt in manchen norddeutschen Seen). *Neomysis* Czerviansky.

8. Ordnung: *Amphipoda*, Flohkrebse

Kennzeichen: Ohne Carapax. Augen sitzend. 1., oder 1. und 2. Thoraxsegment mit dem Kopf verschmolzen. Abdomen zusammengesetzt aus dem 3gliedrigen Metasom und dem 3gliedrigen Urosom. Telson frei. Pleopoden (am Metasom) mit 2 vielgliedrigen Ästen, zum Schwimmen dienend. Uropoden (am Urosom) nach hinten gerichtet, die beiden Äste meist 1gliedrig, als Springstäbe fungierend.

Die überwiegende Zahl der Arten bewohnt das Meer, in der Hauptsache das Litoral. Aber auch in allen anderen Zonen und Tiefen der Ozeane kommen Amphipoden vor. Ausschließlich auf das Pelagial beschränkt sind die *Hyperiidea*. Die *Cyamidae* (Walläuse) sind Ectoparasiten auf Walen. Wenige Arten (*Talitridae*) gehen auch aufs Land, bleiben aber an hohe Feuchtigkeit gebunden, die sie in feuchter Erde oder in der Spülsaumzone des Meeres finden. Viele Formen haben sich das Süßwasser erobert (bei uns vor allem die *Gammaridae*), wo sie in den verschiedensten

Gewässern vertreten sind. Sogar in unterirdische Wasseransammlungen sind eine ganze Anzahl Arten eingedrungen.

Bei den *Gammaridea,* die die Hauptmasse der Arten enthalten, wiegt ein seitlich zusammengedrückter Körper vor. Nur Arten, die Wohnröhren bauen oder im Kanalsystem von Schwämmen leben, sind oft zylindrisch oder dorsoventral abgeflacht. Der Körper der *Hyperiidea* hat Tropfenform, ihr Vorderleib ist in Anpassung an die pelagische Lebensweise kugelig aufgetrieben. Langgestreckt und stabförmig dagegen sind die *Caprellidae* unter den *Laemodipodea,* während die *Cyamidae* einen kurzen und flachen Körper besitzen, der sich der Walhaut gut anschmiegen kann.

Stets ist das 1., bei den *Laemodipodea* auch das 2. Thoraxsegment mit dem Kopf verschmolzen. Das 1. Segment trägt ein Paar Maxillipeden. Die Mundwerkzeuge sind immer beißend.

Die Extremitäten der 7 freien Thoraxsegmente sind Pereiopoden. Die 1. und 2. Pereiopoden sind meist mit subchelaten Scheren versehene Greiffüße oder Gnathopoden, auch bei den *Laemodipodea,* bei denen ja auch noch das Segment der 1. Gnathopoden mit dem Kopf verwachsen ist. Die Gnathopoden sind nach vorn abgewinkelt und dienen zum Ergreifen der Nahrung, das ♂ erfaßt mit ihnen bei der Kopula das ♀, und außerdem sind sie noch Putzfüße. Die 3. und 4. Pereiopoden ziehen den Körper beim Laufen vorwärts, sie sind die eigentlichen Gehbeine. Während sie seitlich nach vorn abgewinkelt sind, stehen die nun folgenden 5.—7. Pereiopoden nach der Seite und hinten[1]). Sie haben die Aufgabe, den Körper beim Laufen zu schieben. Kiemen treten an den Coxen des 2.—7. Pereiopoden auf, sie können jedoch auch bis auf 2 Paare reduziert sein. Bei einigen Süßwasserarten kommen sekundäre Kiemen an der Bauchwand vor (Sternalkiemen). Kiemen sowie die Oostegite liegen in einem gewölbeartigen Raum, der dorsal von

---

[1]) Die nach allen Richtungen abstehenden Beine haben den Tieren den Namen „*Amphipoda*" eingetragen.

der Bauchwand, an den Seiten von den verbreiterten Coxen gebildet wird.

Das Abdomen ist durch die verschiedenartige Ausbildung seiner Extremitäten gekennzeichnet. Die ersten 3 Segmente (Metasom) tragen zum Schwimmen dienende Pleopoden, die ebenfalls in einem ventralen, nach unten offenen Gewölbe liegen, das an den Seiten allerdings von seitlichen Verlängerungen der Tergite begrenzt wird. Die fiedrig beborsteten Pleopoden erzeugen gleichzeitig einen Atemwasserstrom, der in dem ventralen Gang von vorn nach hinten an den Kiemen vorbeifließt. Ganz andere Aufgaben hat das aus den 3 hinteren Abdominalsegmenten gebildete Urosom. Seine Extremitäten, die Uropoden, sind nach hinten gerichtet und dienen als Springstäbe. Die Tiere können sich durch plötzliches Strecken des eingeschlagenen Urosoms im Wasser und auf dem Lande vorwärtsschnellen[2]). Bei den *Laemodipodea* ist das Abdomen samt seinen Extremitäten bis auf einen kleinen Stummel rückgebildet.

Die Nahrung der meisten Arten besteht aus zerfallenden pflanzlichen oder tierischen Stoffen. An größeren Tierleichen werden oft große Massen Flohkrebse angetroffen. Ausgesprochene Räuber sind die pelagisch lebenden *Hyperiidea.* Zu dieser Unterordnung gehört auch die Gattung *Phronima* Latreille, deren ♀ in Salpen oder Pyrosomen eindringen und sie ausfressen. Die leeren Tönnchen benutzen sie dann für sich und ihre Brut als schwimmendes Wohngehäuse. Auch unter dem Schirm und im Gastralraum von Quallen leben einige Hyperiden. Sie nehmen an den Mahlzeiten der Qualle teil, können u. U. aber auch deren Gonaden verzehren. Manche Amphipoden kommen im Kanalsystem oder auf der Oberfläche von Schwämmen vor. *Tritaeta gibbosa* (Bate) z. B. drückt sich mit dem Rücken in die Oberfläche des Schwammes *Suberites domuncula* (Olivi) ein, so daß schließlich eine Aushöhlung von der Größe des Flohkrebses entsteht. Die Ränder dieser Kammer kann *Tritaeta* mit den Thoraxbeinen wie einen Vor-

---

[2]) Daher die deutsche Bezeichnung „Flohkrebse".

hang zusammenziehen. Die Tiere verlassen ihre Wohnung anscheinend nur zur Nahrungssuche und zur Paarung. Einige Arten besitzen in den 3. und 4. oder auch 7. Pereiopoden Spinndrüsen, mit deren Sekret sie Algenfäden, Detritus u. ä. verkleben und sich auf diese Weise eine richtige Wohnröhre zwischen Wasserpflanzen oder auf Hydroidenstöcken bauen.

Entsprechend ihres oft massenhaften Auftretens spielen die Amphipoden für die Ernährung mancher Süß- und Salzwasserfische eine bedeutende Rolle. Ein großer Schädling ist die ebenfalls an manchen Stellen in großer Individuenzahl vorkommende *Chelura terebrans* Philippi. Sie lebt an der Meeresküste und bohrt in den oberflächlichen Schichten von Pfählen und anderen untergetauchten Holzkonstruktionen Gänge, die immer tiefer getrieben werden, sobald die zerstörten Schichten weggespült sind. Mit *Chelura* ist meist der Isopode *Limnoria lignorum* (Rathke) vergesellschaftet.

Die reichlich 3000 Arten verteilen sich auf 4 Unterordnungen.

1. Unterordnung: *Gammaridea.* Körper meist seitlich zusammengedrückt. Nur 1. Thoraxsegment mit dem Kopf verschmolzen. Abdomen gut ausgebildet, mit der vollen Segmentzahl. Hierher die Hauptmasse der Amphipoden (ca. 2600 Arten). Von den 49 Familien können nur wenige erwähnt werden. *Gammaridae.* Im Süßwasser Europas weit verbreitet; z. B. *Gammarus pulex* (L.). *Niphargus* Schiödte, ohne Augen, im Grundwasser.

Dexaminidae. Mit *Tritaeta* Boeck.

Talitridae (Strandhüpfer). Mit *Talitrus* Latreille, *Orchestia* Leach.

Aoridae. Mit Spinnvermögen.

Cheluridae. Mit *Chelura terebrans* Philippi, Holzbohrer.

2. Unterordnung: *Ingolfiellidea.* Körper langgestreckt, zylindrisch. Ohne Augen. 1. Thoraxsegment mit dem Kopf verschmolzen. Abdomen beinahe so lang wie der Thorax. Nur 4 Arten.

3. Unterordnung: *Hyperiidea.* Kopf und Thorax meist stark aufgetrieben. Augen fast den ganzen Kopf einnehmend. 1. Thoraxsegment mit dem Kopf verwachsen. Pelagisch lebend. Etwa 320 Arten.

4. Unterordnung: *Laemodipodea.* Das 1. und 2. Thoraxsegment mit dem Kopf verschmolzen. Augen klein. Abdomen samt Gliedmaßen verkümmert. *Caprellidae.* Körper langgestreckt, stabförmig. Etwa 165 Arten. *Cyamidae.* Körper flach und breit. Ectoparasiten auf Walen. 15 Arten.

9. Ordnung: *Cumacea*

Kennzeichen: Mit Carapax, der die ersten 3, selten 4, 5 oder 6 Thoraxsegmente bedeckt und mit ihnen verwachsen ist. Seine Seitenfalten überdecken eine geräumige Kiemenhöhle. Augen sitzend, meist median verschmolzen und stark reduziert. Die ersten 3 Thoraxbeine zu Maxillipeden umgewandelt, die letzten 3 Paar sind Pereiopoden. Exopodite an den Thoraxbeinen in wechselnder Zahl, aber niemals am 1., 2. und 8. Paar. Pleopoden dem ♀ stets fehlend, beim ♂ in wechselnder Zahl (0—5) vorhanden und 2ästig.

Die Cumaceen sind vorwiegend marine Tiere und leben in allen Meeren und in allen Tiefen. Mit einigen Arten kommen sie aber auch im Brack- und Süßwasser vor. Sie sind ausgesprochene Grundbewohner und auf weichen Untergrund angewiesen, in den sie sich eingraben, den sie aber auch zu Ausflügen ins freie Wasser verlassen können. Vor allem nachts kommen viele Arten an die Meeresoberfläche.

Die selten über 10 mm lang werdenden Tiere sind leicht zu erkennen an dem aufgetrieben erscheinenden Vorderkörper und dem sehr schlanken Hinterleib. Der Carapax ist am Vorderende jederseits zu einem Lappen ausgezogen, der sich um die vordere Körperpartie legt und sich mit seinem Gegenüber zu einem „Scheinrostrum“ zusammenlegt.

Die Mundwerkzeuge sind beißend. Der 1. Maxilliped trägt einen mächtigen Epipoditen, den Kiemenapparat der Cumaceen. Der Atmung dient außerdem noch die Innenwand des Carapax.

Das Schwimmen erfolgt durch rudernde Bewegungen der Exopodite der Pereiopoden (beim ♂ auch mittels der Exopodite der Pleopoden). Landen die Tiere auf dem Boden, so schaufeln sofort die Pereiopoden 3—5 durch kräftige, rasch aufeinanderfolgende Bewegungen das Substrat beiseite, wobei das Tier immer tiefer einsinkt, bis schließlich nur noch ein Teil des Vorderkörpers und u. U. das Ende des Abdomens aus dem Schlamm oder Sand herausschauen. Bei vielen Arten sind zu diesem Zweck an den hinteren 3 Pereiopoden die Borsten so angeordnet, daß die Endglieder löffelartig erscheinen.

Dem Nahrungserwerb gehen die Cumaceen grundsätzlich nur nach, wenn sie eingegraben sind. Schlammbewohner, z. B. *Diastylis rathkei* (Kröyer) nehmen mit ihrem 3. Maxillipeden etwas Schlamm auf, prüfen ihn und entfernen Unbrauchbares nach vorn. Was verwertbar ist, wird den Mundwerkzeugen übergeben. Ist der Schlamm ausgegangen, so greifen die langen 1. Pereiopoden aus und holen neuen herbei. Sandbewohner dagegen, wie *Lamprops fasciata* G. O. Sars, holen mit dem 1. Pereiopoden ein Sandkorn heran und übergeben es den 3. Maxillipeden, die es unter ständiger Drehung an die 2. Maxillipeden halten. Das von seinem organischen Belag befreite Korn wird über Kopf und Rücken weggeworfen. Filtration von Nahrungsteilchen ist bei *Diastylis bradyi* Norman beobachtet worden[1]). Die Maxillulae und die Maxillen sind hier so gebaut, daß zwischen ihnen ein Pumpraum entsteht, der in der Saugphase allseitig geschlossen ist. Nur an seiner Innenseite kann Wasser durch ein dichtes Borstengitter einströmen, und hier werden die Nahrungspartikel zurückgehalten. Bei der Verkleinerung des Pumpraumes wird dieser außen geöffnet, so daß das Wasser wieder entweichen kann. Da die Tiere die meiste Zeit ihres Lebens im Boden eingewühlt verbringen, bedarf ihr Körper oft der Reinigung. Diese erfolgt bei den Ausflügen ins freie Wasser mit den

[1]) Die meisten anderen Cumaceen zeigen eigenartigerweise den gleichen Bau der Mundwerkzeuge, eine Filtertätigkeit konnte bei ihnen jedoch noch nicht festgestellt werden.

Uropoden und mit dem Telson. Das Abdomen ist derart beweglich, daß fast alle Körperteile erreicht werden können, sogar die Mundwerkzeuge.

Die etwa 470 Arten gehören 7 Familien an, z. B.

Bodotriidae. Cumopsis G. O. Sars im Litoral der europäischen Meere.

Lampropidae. Lamprops G. O. Sars vorwiegend im Litoral.

Diastylidae. Diastylis Say, artenreichste Gattung (ca. 60 Arten), vor allem in kalten Meeren (Abb. 39).

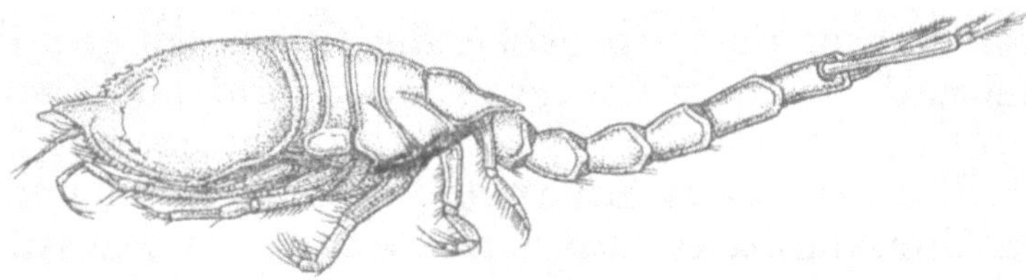

Abb. 39. *Diastylis rathkei* (Kröyer) (*Cumacea, Diastylidae*), ♀. Die Art ist verbreitet in der Nord- und Ostsee und im Nordatlantik. Sie wird bis in 800 m Tiefe angetroffen. Ihre Länge beträgt bis zu 18 mm. — Nach G. O. Sars 1900

10. Ordnung: *Tanaidacea*

Kennzeichen: Die ersten 2 Thoraxsegmente mit dem Kopf verschmolzen. Mit einer kleinen Carapaxfalte, die die Atemhöhle überdeckt. Das 1. Thoraxbein zu einem Maxillipeden, das 2. zu einem kräftigen Scherenfuß umgebildet. Augen sitzend. Mit 2ästigen, stabförmigen Pleopoden, die selten fehlen.

Die fast ausschließlich marin und in allen Tiefen vorkommenden Tiere leben im Schlamm, zwischen Wasserpflanzen oder Tierkolonien. Mit einem klebrigen Sekret fertigen sie unter Verwendung von Bodenpartikeln, Pflanzenfasern u. ä. Geflechte oder Wohnröhren an, in denen sie sich aufhalten. Sie kriechen langsam umher, können aber auch schwimmen.

Die *Tanaidacea* werden 1—10 mm, selten bis 20 mm lang. Das Abdomen ist relativ kurz und das Telson immer mit dem letzten Abdominalsegment verschmolzen. Die *Apseudidae* haben rudimentäre Exopodite am 2. und 3. Thoraxbein, und das 3. Bein ist zu einem vorn abgeflachten Grabfuß geworden. Die beiden anderen Familien besitzen niemals Exopodite an den Thoraxbeinen, und auch der Grabfuß fehlt ihnen. Die Mundgliedmaßen, einschließlich Maxillipes, sind bei den *Paratanaidae* in verschieden starkem Maße zurückgebildet. Ein Epipodit an der Coxa des Maxillipeden liegt in der Atemhöhle und erzeugt den Atemwasserstrom. Ort des Gasaustausches ist die Innenwand der Carapaxfalte, zum Teil auch der Epipodit selbst.

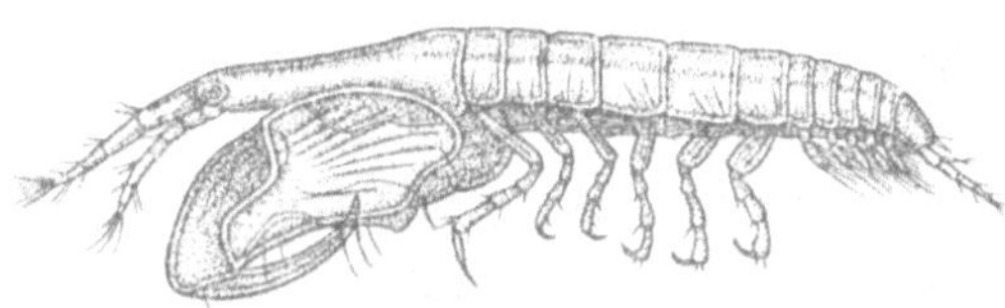

Abb. 40. *Heterotanais oerstedi* (Kröyer) *(Tanaidacea, Paratanaidae)*, ♂. Die Art kommt an den Küsten der Nord- und Ostsee vor und geht bis in etwa 11 m Tiefe. Sie wird 2 mm lang. — Nach G. O. Sars 1896

Die Biologie der Tanaidaceen ist nur unvollkommen bekannt, ebenso sind geographische Verbreitung und Systematik der bisher ca. 240 beschriebenen Arten erst unzureichend gelöst.

Apseudidae. Apseudes spinosus (M. Sars) im Mittelmeer und N-Atlantik.

Tanaidae. Tanais cavolinii H. Milne Edwards im Atlantik und Mittelmeer. *Cryptocope* G. O. Sars.

Paratanaidae. Heterotanais oerstedi (Kröyer) in der Nord- und Ostsee (Abb. 40). *Leptognathia* G. O. Sars. *Leptochelia* Dana.

11. Ordnung: *Isopoda*, Asselkrebse

Kennzeichen: Ohne Carapax. Körper meist dorsoventral abgeflacht. Augen sitzend. 1., selten auch 2. Thoraxsegment mit dem Kopf verschmolzen. 1. Thoraxbein zu Maxillipeden umgebildet. Pereiopoden nie mit Exopodit. Pleopodenäste meist blattförmig, der Atmung dienend. Telson in der Regel mit dem letzten Abdominalsegment verwachsen.

Die Körperlänge der Isopoden schwankt zwischen knapp 1 mm und 27 cm, der Durchschnitt liegt bei 1—2 cm Länge. Die Lebensweise der Tiere ist sehr vielseitig. Sie kommen frei lebend im Meer vom Litoral bis in die Tiefsee vor, treten im Süßwasser auf, und eine ganze Unterordnung *(Oniscoidea)* ist zu echten, vom Wasser meist völlig unabhängigen Landbewohnern geworden. Aber auch Parasiten sind häufig. Neben Ectoparasiten auf Fischen und Krebsen gibt es sogar Arten, die man als Entoparasiten bezeichnen könnte. Sie leben in Krabben und haben — ähnlich wie die Rhizocephalen — einen völlig deformierten Körper ohne Gliedmaßen und Mundwerkzeuge.

Der meist dorsoventral abgeflachte Körper setzt sich zusammen aus dem Kopf, der mit dem 1. Thoraxsegment (Maxillipeden) verwachsen ist, 7 freien Thoraxsegmenten und 6 Abdominalsegmenten. Das Telson ist außer bei den *Anthuridea* mit dem letzten Hinterleibssegment verschmolzen. Nur selten *(Gnathiidea, Serolidae* u. a.) ist auch das 2. Thoraxsegment mit dem Kopf verwachsen. Die Antenne ist bei den *Arcturidae (Valvifera)* zu einem langen, kräftigen Greiforgan geworden. Der 1. Pereiopod dient den *Oniscoidea* als Putzfuß.

Die Mundwerkzeuge sind ursprünglich beißend. Die Parasiten jedoch besitzen — je nach dem Grad des Parasitismus — mehr oder weniger zugespitzte Mundteile. Bei den Larven der *Gnathiidea* ist ein Saugrüssel entstanden; Mandibel und Maxillula dienen dabei als Stechborsten, während die Maxille reduziert ist. Die erwachsenen *Gnathiidea* nehmen keine Nahrung mehr auf, ihre Mundgliedmaßen sind weitgehend rudimentiert. Stechend-saugende Mundwerkzeuge weisen auch einige *Anthuridea* und *Epicaridea* auf. Die Maxillipeden sind im Normalfall breite, flache Gebilde, die sich von unten her schüsselartig über die

Mundteile legen. Bei den Arten mit Saugrüssel bilden sie die hintere Rüsselscheide.

Die Extremitäten der 7 freien Thoraxsegmente sind Pereiopoden. Sie können sehr verschieden gestaltet sein. Wir treffen an: einfache Gangfüße, Klammerbeine (mit kräftigem, gebogenem Dactylus), Subchelafüße (Dactylus gegen den Propodus einschlagbar), stark verlängerte, spinnenfußartige Kletterbeine oder auch Schwimmbeine (mit blattförmig verbreiterten Endgliedern). Bei den *Gnathiidea* fehlt das letzte Beinpaar, und da bei ihnen neben dem 1. auch das 2. Thoraxbein in Beziehung zu den Mundwerkzeugen getreten ist, besitzen sie nur 5 Paar Pereiopoden.

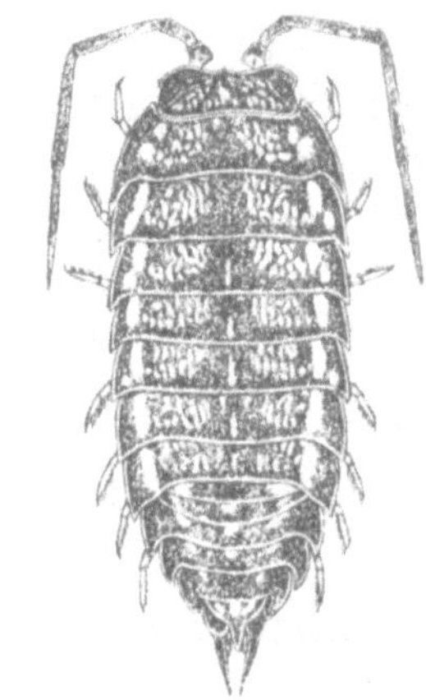

Abb. 41. *Cylisticus convexus* de Geer *(Isopoda, Oniscoidea, Porcellionidae).* Die etwa 13,5 mm lang werdende Art ist in Mitteleuropa weit verbreitet und durch den Menschen bis in andere Erdteile verschleppt worden. Das Tier kann sich zu einer langgestreckten „Tonnenkugel" einrollen, wobei die Antennen außen auf dem Körper liegen. Nach Urbanski 1950

Die 5 Paar blattartigen Pleopoden überdecken sich meist gegenseitig dachziegelartig. Sie dienen der Atmung und der Fortbewegung (Schwimmen). Bei den ♂ ist in den allermeisten Fällen der 2., oft auch noch der 1. Pleopod zu Kopulationshilfsorganen umgebildet. Die Extremitäten des 6. Hinterleibssegments sind Uropoden. Sie sind wie die Pleopoden ursprünglich 2ästig, wenn auch der eine oder beide Äste fehlen können. Die Ausbildung der Uropoden ist für die einzelnen Unterordnungen charakteristisch. Oft kommt es zu Verwachsungen einiger oder aller Hinterleibssegmente.

Während bei den frei lebenden Isopoden die aus dem Marsupium schlüpfenden Jungen sich von den erwachsenen Tieren im wesentlichen nur durch das Fehlen des 7. Pereiopoden unterscheiden, tritt bei vielen Parasiten eine ausgesprochene Metamorphose auf. Die Larve der *Gnathiidea* saugt sich an einem Fisch fest und schwillt durch Blutaufnahme im hinteren Thoraxteil mächtig an. Diese Pranizalarve häutet sich nur ein einziges Mal, nämlich wenn sie den Wirt verläßt. Sie wird dann unter Rückbildung der Mundgliedmaßen zum geschlechtsreifen Tier. Die ♂ erlangen dabei normale Isopodengestalt, während die ♀ angeschwollen bleiben.

Die auf anderen Krebsen schmarotzenden *Epicaridea* schlüpfen als Epicaridium, einer Larve, die saugende Mundwerkzeuge und Klammerbeine besitzt, jedoch frei umherschwimmt. Das Epicaridium wird (bei allen Arten?) zum Microniscus, der auf Copepoden parasitiert und sich schließlich zum Cryptoniscium häutet. Bei all diesen Häutungen finden Veränderungen der beiden Antennenpaare, der Thoraxbeine und der Pleopoden statt. Das Cryptoniscium setzt sich dann am endgültigen Wirt fest. Bei den *Cryptoniscina* wird nun das Cryptoniscium zum geschlechtsreifen ♂. Nachdem dieses seine Funktion ausgeübt hat, häutet es sich mehrmals und wird dabei zu einem unsegmentierten, extremitätenlosen Sack. Gleichzeitig werden die Hoden durch Ovarien ersetzt, das Tier wird zum ♀. Die *Cryptoniscina* sind also protandrische Zwitter. Bei den *Bopyrina* dagegen häutet sich das gleichfalls männliche, aber unreife Cryptoniscium zu einem weiteren Stadium, dem Bopyridium, das entweder zum geschlechtsreifen ♂ wird und sich nur noch wenig verändert, oder das im Laufe mehrerer Häutungen mächtig anwächst und zum ♀ wird. Die ♀ der *Bopyrina* behalten oft die allgemeine Isopodengestalt, können aber auch mehr oder weniger deformiert sein.

Die Nahrung der Isopoden ist sowohl pflanzlicher wie tierischer Art. Pflanzenfresser sind u. a. die *Oniscoidea* und die Wasserassel *Asellus*. Räuberisch leben die *Cirolaninae*, die schwache oder tote Fische oft in großen Scharen anfallen und regelrecht skelettieren. Viele Arten (z. B. *Idoteidae)* sind omnivor und einige auch Detritusfresser *(Phreatoicidea, Serolis)*. Ausgesprochene Schädlinge sind die im Holz bohrenden *Limnoria*-Arten (vgl. S. 97).

Der Atmung dienen die Pleopoden, die bei allen im Wasser lebenden Arten als Kiemen fungieren. Die auf dem Lande lebenden *Oniscoidea* jedoch haben sich in hohem Maße der Luftatmung angepaßt, indem die zarten Endopodite der Pleopoden als luftatmende Blutkiemen dienen, während die kräftigeren Exopodite mit Trachealorganen ausgerüstet sind. Die Endopodite werden von den Pleopodendrüsen dauernd feucht gehalten und von einem dünnen Flüssigkeitsfilm überzogen. Die sie verdeckenden Exopodite verhindern eine starke Verdunstung. Aber auch Wasser, auf das das Tier zufällig trifft, wird für die Atmung ausgenutzt. Zu diesem Zweck besitzen die meisten Landasseln ein regelrechtes Wasserleitungssystem, das aus Längsrinnen am Außenrand der Ventralseite des Thorax besteht. In diesen Rinnen kann Wasser durch Kapillarwirkung zu den Pleopoden geleitet werden. Den Abschluß des Systems bilden die Uropoden, die verbrauchtes oder überschüssiges Wasser tröpfchenweise wieder absetzen, indem sie durch nickende Bewegungen des Abdomens auf den Boden gedrückt werden. Die Uropoden sind jedoch auch in der Lage, in der gleichen Weise Wasser „aufzusaugen". Die Trachealorgane sind — wie bei Insekten und Spinnentieren — Einstülpungen des Chitins, die sich bei den *Oniscoidea* als „weiße Körper" an den Exopoditen der Pleopoden darstellen. Sie kommen je nach Familie und Gattung in verschiedener Zahl vor und fehlen nur den amphibischen *(Ligiidae)* und Zwergformen (z. B. *Trichonisidae)*. Im typischen Fall bestehen die Trachealorgane aus vielen verästelten Schläuchen in einem engumgrenzten Bezirk an der Außenseite des Exopoditen. Ausschließlich Luftatmer sind u. a. die *Armadillidiidae*.

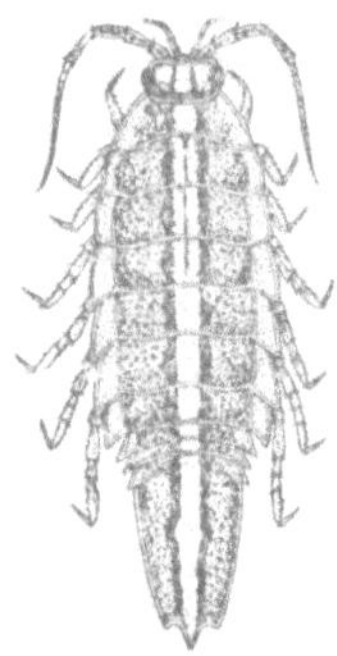

Abb. 42. *Idotea baltica* (Pallas) *(Isopoda, Valvifera, Idoteidae)*. Das Tier lebt an den Küsten der Nord- und Ostsee und vom Nordatlantik bis ins Mittelmeer. Meist kommt es zwischen Algen und Tang vor. Die Färbung ist sehr variabel. — Nach Urbanski 1950

Bei einigen Familien der Landasseln ist ein besonderes Schutzmittel entwickelt, das Kugelungsvermögen. Oft sind dann Kopf und Abdomenende so gestaltet, daß sie beim eingerollten Tier genau aneinanderpassen, so daß eine allseitig dicht geschlossene Kugel entsteht. Die im Meer lebenden *Sphaeromidae* können sich z. T. gleichfalls einrollen.

Wie bei den Amphipoden sind auch bei den Isopoden viele Höhlen- und Grundwasserbewohner entstanden. Sie zeichnen sich aus durch Pigmentverlust und in verschieden starkem Maße fortgeschrittene Reduktion der Augen. Diese Formen gehören eigenartiger Weise meist Familien an, die sonst nur im Meere vorkommen.

Die sehr zahlreichen Arten verteilen sich auf 8 Unterordnungen.

1. Unterordnung: *Gnathiidea*

1. und 2. Thoraxsegment mit dem Kopf verschmolzen, letztes Thoraxsegment fehlend. Nur 5 Paar Pereiopoden. Telson mit dem letzten Abdominalsegment verwachsen. Uropoden flach, einen Schwanzfächer bildend. Larven (Praniza) auf Fischen parasitierend, mit saugenden Mundwerkzeugen. Erwachsene frei lebend, mit reduzierten Mundteilen. Rein marin. 4—7 mm lang.

Einzige Familie: *Gnathiidae*. *Gnathia maxillaris* (Montagu) an den westeuropäischen Küsten.

2. Unterordnung: *Anthuridea*

Körper langgestreckt-zylindrisch und sehr beweglich. Telson frei. Die ersten 3 Pereiopoden mit Subchela, der 1. besonders groß. 1. Pleopoden groß und die übrigen als Operculum verdeckend. Mundteile beißend oder saugend. Uropoden breit, einen Schwanzfächer bildend. Oft mit Statocysten im Telson. Leben im Meer, grabend im Untergrund, auf Bryozoen- oder Hydoidenstöcken oder in Wurmröhren. Selten im Süßwasser.

Einzige Familie: *Anthuridae*. *Cyathura carinata* (Kröyer) bis 27 mm lang, an den europäischen Küsten, Südafrika, China.

3. Unterordnung: *Asellota*

Körper dorsoventral abgeflacht. Alle Abdominalsegmente einschließlich Telson verwachsen. Die 3. Pleopoden *(Asellidae)* oder die 1. und 2. Pleopoden *(Parasellidae)* ein Operculum bildend. Uropoden griffelförmig, nie als Schwanzfächer. Mundwerkzeuge immer beißend. Im Meer und Süßwasser.

Familie: *Asellidae*. *Asellus aquaticus* (L.) bis 12 mm lang, im Süßwasser Mitteleuropas.

Familie: *Parasellidae*. *Janira maculosa* Leach, 10 mm lang, in der Nord- und westl. Ostsee, auf Pflanzen, Hydroidpolypen und Korallen. *Jaera albifrons* Leach, 5 mm lang, Nord- und Ostseeküste, auf Sand- und Steinboden.

4. Unterordnung: *Phreatoicidea*

Körper seitlich zusammengedrückt. Telson mit dem letzten Abdominalsegment verschmolzen. Mundwerkzeuge beißend. Uropoden griffelförmig. Im Süßwasser, zum Teil auf dem Lande. In Australien, Neuseeland, Südafrika.

Familie: *Phreatoicidae*.

5. Unterordnung: *Oniscoidea*

Körper dorsoventral abgeflacht. Telson mit dem letzten Abdominalsegment verwachsen. Uropoden griffelförmig, seltener abgeflacht, nie einen Schwanzfächer bildend. Antennula winzig klein. Mundwerkzeuge beißend. Primitive Formen amphibisch lebend, alle anderen echte Landbewohner. Viele Arten mit Kugelungsvermögen. Oft mit Trachealsystemen an den Exopoditen der Pleopoden.

Familie: *Ligiidae*. *Ligia oceanica* (L.), bis 28 mm lang, amphibisch an der Nordseeküste.

Familie: *Trichoniscidae*. Meist pigmentlose Zwergformen.

Familie: *Oniscidae*. *Oniscus asellus* (L.), die Mauerassel, bis 18 mm lang, fast in ganz Europa häufig.

Familie: *Porcellionidae*. *Porcellio scaber* Latreille, die Kellerassel, bis 16 mm lang, fast weltweit verbreitet. *Platyarthrus hoffmannseggii* (Brandt), weiße Zwergform, in Ameisennestern. (Vgl. Abb. 41).

Familie: *Armadillidiidae*. Mit vollkommenem Kugelungsvermögen. *Armadillidium vulgare* (Latreille), bis 15 mm lang, fast weltweit verbreitet.

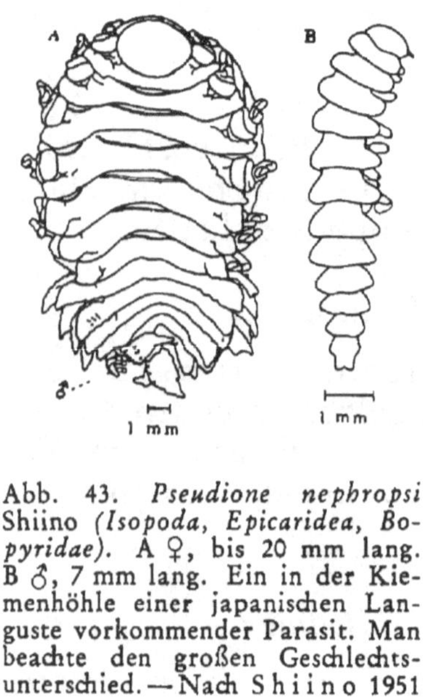

Abb. 43. *Pseudione nephropsi* Shiino (*Isopoda, Epicaridea, Bopyridae*). A ♀, bis 20 mm lang. B ♂, 7 mm lang. Ein in der Kiemenhöhle einer japanischen Languste vorkommender Parasit. Man beachte den großen Geschlechtsunterschied. — Nach Shiino 1951

6. Unterordnung: *Valvifera*

Abdominalsegmente mehr oder weniger verschmolzen. Telson mit dem letzten Segment verwachsen. Uropoden auf die Unterseite des Abdomens gerückt und als Operculum die Pleopoden verdeckend. Mundwerkzeuge beißend. Meeresbewohner, einige Arten im Süßwasser.

Familie: *Idoteidae*. Körper dorsoventral abgeflacht. *Idotea* Fabricius, mit mehreren Arten in der Nord- und Ostsee (Abb. 42).

Familie: *Arcturidae*. Körper zylindrisch. Antenne lang und kräftig, als Greifwerkzeug dienend.

7. Unterordnung: *Flabellifera*

Körper dorsoventral abgeflacht. Telson mit dem letzten Abdominalsegment verwachsen. Mundteile beißend oder saugend. Uropoden abgeflacht und einen Schwanzfächer bildend. Im Meer, selten im Süßwasser.

Familie: *Cymothoidae*. *Cirolaninae*, mit beißenden Mundteilen, fressen Aas aber auch lebende Fische. *Aeginae*, mit saugenden Mundteilen, temporäre Parasiten, meist an Fischen. *Cymothoinae,* mit saugenden Mundwerkzeugen, stationäre Fischparasiten, protandrische Hermaphroditen.

Familie: *Sphaeromidae.* Beißende Mundteile. *Limnoria lignorum* (Rathke), die Bohrassel, an der Nordseeküste in Holzbauten bohrend. *Sphaeroma* Bosc, mit Kugelungsvermögen.

8. Unterordnung: *Epicaridea*

Krebsparasiten mit saugenden oder rückgebildeten Mundwerkzeugen. Erwachsene ♀ oft völlig deformiert (vgl. S. 104). Im Meer, wenige Arten im Süßwasser.

Tribus: *Bopyrina.* Das ♂ wird als Bopyridium geschlechtsreif. Meist an Decapoden parasitierend (Abb. 43).

Tribus: *Cryptoniscina.* Das ♂ wird bereits als Cryptoniscium geschlechtsreif. Leben auf Ostracoden, Cirripedien, Mysidaceen, Amphipoden, Cumaceen und Isopoden.

LITERATUR

(Die angegebenen Sammelwerke enthalten ausführliche Schriftenverzeichnisse.)

Bronns Klassen und Ordnungen des Tierreichs, V. Bd, 1. Abt, Crustacea 2. Aufl. Leipzig.

Bisher erschienen:
Cirripedia (P. Krüger)
Stomatopoda (H. Balss)
Thermosbaenacea (T. Monod)
Cumacea (C. Zimmer)
Decapoda (H. Balss, W. v. Buddenbrock, E. Korschelt) (noch nicht abgeschlossen).

Hanström, B.: Vergleichende Anatomie des Nervensystems der wirbellosen Tiere. Berlin 1928.

Kinne, O.: Neomysis vulgaris Thompson, eine autökologisch-biologische Studie. Biol. Zbl. *74* 1955 (160—202).

Kükenthal, W.: Handbuch der Zoologie, Bd. 3, 1. Hälfte. Berlin 1926—1927

Remane, A.: Die Geschichte der Tiere. In: G Heberer, Die Evolution der Organismen. Stuttgart 1954.

Siewing, R.: Morphologische Untersuchungen an Tanaidaceen und Lophogastriden. Z. wiss. Zool. *157* 1954 (333—426).

Tierwelt Deutschlands und der angrenzenden Meeresteile. Jena.

Bisher erschienen:
Copepoda (O. Pesta)
Ostracoda (W. Klie)
Decapoda (A. Schellenberg)
Amphipoda (A. Schellenberg)

Tierwelt der Nord- und Ostsee. Teil X Crustacea Leipzig.

Namen- und Sachverzeichnis

GESAMTVERZEICHNIS

SAMMLUNG GÖSCHEN

DAS WISSEN DER WELT IN KURZEN KLAREN, ALLGEMEINVERSTÄNDLICHEN EINZELDARSTELLUNGEN NACH DEN LEHRPLÄNEN DER DEUTSCHEN UNIVERSITÄTEN UND HOCHSCHULEN AUFGEBAUT

JEDER BAND DM 2,40

DOPPELBAND DM 4,80

STAND JANUAR 1956

WALTER DE GRUYTER & CO.

BERLIN W 35

INHALTSVERZEICHNIS

Geisteswissenschaften

Philosophie

Einführung in die Philosophie von *H. Leisegang*. 2. Auflage. 145 Seiten. 1953. . . . . Bd. 281

Erkenntnistheorie von *G. Kropp*. 1. Teil: Allgemeine Grundlegung. 143 Seiten. 1950 . . . . Bd. 807

Hauptprobleme der Philosophie von *G. Simmel* †. 7., unveränd. Auflage. 177 Seiten. 1950 . . . . Bd. 500

Geschichte der Philosophie

I: Die griechische Philosophie von *W. Capelle*. 1. Teil. Von Thales bis Leukippos. 2., erweiterte Auflage. 135 Seiten. 1953 . . . . Bd. 857

II: Die griechische Philosophie von *W. Capelle*. 2. Teil. Von der Sophistik bis zum Tode Platons. 2., stark erweiterte Auflage. 144 Seiten 1953 . . . . Bd. 858

III: Die griechische Philosophie von *W. Capelle*. 3. Teil. Vom Tode Platons bis zur Alten Stoa. 2., stark erweiterte Auflage. 132 Seiten. 1954 . . . . Bd. 859

IV: Die griechische Philosophie von *W. Capelle*. 4. Teil. Von der Alten Stoa bis zum Eklektizismus im 1. Jahrhundert v. Chr. 2., stark erweiterte Auflage. 132 Seiten. 1954 . . . . Bd. 863

V: Die Philosophie des Mittelalters von *J. Koch*. In Vorbereitung . . . . Bd. 826

VI: Von der Renaissance bis Kant von *K. Schilling*. 234 Seiten. 1954 . . . . Bd. 394/394a

VII: Immanuel Kant von *G. Lehmann*. In Vorbereitung. Bd. 536

VIII: Die Philosophie des 19. Jahrhunderts von *G. Lehmann*. 1. Teil. 151 Seiten. 1953 . . . . Bd. 571

IX: Die Philosophie des 19. Jahrhunderts von *G. Lehmann*. 2. Teil. 168 Seiten. 1953 . . . . Bd. 709

X: Die Philosophie im ersten Drittel des 20. Jahrhunderts von *G. Lehmann*. In Vorbereitung . . . . . Bd. 845

Die geistige Situation der Zeit (1931) von *K. Jaspers*. 3., unveranderter Abdruck der 1932 bearbeiteten 5. Auflage. 211 Seiten. 1953. Zur Zeit nur Ganzleinen DM 4,80 Bd. 1000

Philosophisches Wörterbuch von *M. Apel* †. 4., unveränderte Auflage. 260 Seiten. 1953 . . . . Bd. 1031

Philosophische Anthropologie von *M. Landmann*. 266 Seiten. 1955 . . . . Bd. 156/156a

Pädagogik · Psychologie · Soziologie

Geschichte der Pädagogik von *H. Weimer*. 11., neubearbeitete und vermehrte Auflage. 176 Seiten. 1954 . . . . Bd. 145

Therapeutische Psychologie. Freud — Adler — Jung von *W. M. Kranefeldt*. Mit einer Einführung von *C. G. Jung*. 2. Auflage. 152 Seiten. 1950 . . . . Bd. 1034

Sozialpsychologie von *P. R. Hofstätter*. 1956. In Vorbereitung Bd. 104/104a

Psychologie des Berufs- und Wirtschaftslebens von *W. Moede*. 1956. In Vorbereitung . . . . Bd. 851

Soziologie. Geschichte und Hauptprobleme von *L. von Wiese*. 5. Auflage. 162 Seiten. 1954 . . . . Bd. 101

Industrie- und Betriebssoziologie von *R. Dahrendorf*. 118 Seiten. 1956 . . . . Bd. 103

Religionswissenschaften

Jesus von *M. Dibelius †*. 2. Auflage. Unveränderter Nachdruck. 137 Seiten. 1949 . . . . Bd. 1130

Paulus von *M. Dibelius †*. Nach dem Tode des Verfassers herausgegeben und zu Ende geführt von *W. G. Kümmel*. 2. Auflage. 155 Seiten. 1956 . . . . Bd. 1160

Musik

Musikästhetik von *H. J. Moser*. 180 Seiten. 1953 . . . . . . Bd. 344

Systematische Modulation von *R. Henried*. 2. Auflage. 136 Seiten. 1950 . . . . Bd. 1094

Der polyphone Satz von *E. Pepping*. 1. Teil: Der cantus-firmus-Satz. 2. Auflage. 223 Seiten. 1950 . . . . Bd. 1148

Harmonielehre von *H. J. Moser*.
I: 109 Seiten. 1954 . . . . Bd. 809

Technik der deutschen Gesangskunst von *H. J. Moser*. Dritte, durchges. u. verbesserte Auflage. 144 Seiten mit 5 Fig. 1954 . . . . Bd. 576/576a

Die Kunst des Dirigierens von *H. W. von Waltershausen †*. 2. Auflage. 138 Seiten. 1954 . . . . Bd. 1147

Die Technik des Klavierspiels aus dem Geiste des musikalischen Kunstwerkes von *K. Schubert †*. 3. Auflage. 110 Seiten. 1954 . . . . Bd. 1045

Die Musik des 19. Jahrhunderts von *W. Oehlmann*. 180 Seiten. 1953 . . . . Bd. 170

Allgemeine Musiklehre von *H. J. Moser*.
2., durchges. Auflage. 155 Seiten. 1955 . . . . . Bd. 220/220a

Kunst

Stilkunde von *H. Weigert*.
I: Vorzeit, Antike, Mittelalter. 2. Auflage. 136 Seiten. Mit 94 Abbildungen. 1953 . . . . Bd. 80
II: Spätmittelalter und Neuzeit. 2. Auflage. 146 Seiten. Mit 84 Abbildungen. 1953 . . . . Bd. 781

Archäologie von *A. Rumpf*.
I: Einleitung, historischer Überblick. 143 Seiten mit 6 Abbildungen im Text und 12 Tafeln. 1953 . . . . . Bd. 538
II: Die Archäologensprache. Die antiken Reproduktionen. 136 Seiten mit 7 Abbildungen im Text und 12 Tafeln. 1956 . . . . Bd. 539

Geschichte

Einführung in die Geschichtswissenschaft von *P. Kirn*. 2. Auflage. 121 Seiten. 1952 . . . . Bd. 270

Kultur der Urzeit von *F. Behn*. 4. Auflage der „Kultur der Urzeit". Band I—III von *M. Hoernes*.
I: Die vormetallischen Kulturen. (Die Steinzeiten Europas. Gleichartige Kulturen in anderen Erdteilen). 172 Seiten mit 48 Abbildungen. 1950 . . . . Bd. 564
II: Die älteren Metallkulturen. (Der Beginn der Metallbenutzung. Kupfer- und Bronzezeit in Europa, im Orient und in Amerika). 160 Seiten mit 67 Abbildungen. 1950 Bd. 565
III: Die jüngeren Metallkulturen. (Das Eisen als Kulturmetall. Hallstatt-Latène-Kultur in Europa. Das erste

Auftreten des Eisens in den anderen Erdteilen). 149 Seiten mit 60 Abbildungen. 1950 . . . . Bd. 566

Vorgeschichte Europas von *F. Behn*. Vollig neue Bearbeitung der 7. Auflage der „Urgeschichte der Menschheit" von *M. Hoernes*. 125 Seiten mit 47 Abbildungen. 1949 . . Bd. 42

Von den Karolingern zu den Staufern von *J. Haller*. Die altdeutsche Kaiserzeit (900—1250). 3. Auflage. 141 Seiten mit 4 Karten. 1944 . . . . Bd. 1065

Deutsche Geschichte im Zeitalter der Reformation, der Gegenreformation und des 30jährigen Krieges von *F. Hartung*. 129 Seiten. 1951 . . . . Bd. 1105

Deutsche Geschichte von 1648 bis zur Gegenwart von *W. Treue* (4 Bande). In Vorbereitung . . . . Bd. 35

Quellenkunde der deutschen Geschichte im Mittelalter (bis zur Mitte des 15. Jahrhunderts) von *K. Jacob †*.

I: Einleitung. Allgemeiner Teil. Die Zeit der Karolinger. 5. Auflage. 118 Seiten. 1949 . . . . Bd. 279

II: Die Kaiserzeit (911—1250). 4. Auflage. 127 Seiten. 1949 . . . . Bd. 280

III: Das Spatmittelalter (vom Interregnum bis 1500). Unter Verwendung der Hinterlassenschaft herausgegeben von *F. Weden*. 152 Seiten. 1952 . . . . Bd. 284

Badische Geschichte von *A. Krieger*. 137 Seiten. 1921 . . . Bd. 230

Geschichte Englands von *H. Preller*.

I: bis 1815. 3., stark umgearbeitete Auflage. 135 Seiten mit 7 Stammtafeln und 2 Karten im Text. 1952. . . . Bd. 375

II: von 1815 bis 1910. 2., vollig umgearb. Auflage. 118 S. mit 1 Stammtafel und 7 Karten im Text. 1954 . . Bd. 1088

Geschichte der Vereinigten Staaten von Amerika von *O. Graf zu Stolberg-Wernigerode*. 192 Seiten mit 10 Karten im Text. 1956. . . . . Bd. 1051/1051a

Deutsche Sprache und Literatur

Deutsches Rechtschreibungswörterbuch von *M. Gottschald*. 2., verbesserte Auflage. 269 Seiten. 1953 . . . Bd. 200/200a

Deutsche Wortkunde von *A. Schirmer*. Eine kulturgeschichtliche Betrachtung des deutschen Wortschatzes. 3., durchgesehene Auflage. 109 Seiten. 1949 . . . . Bd. 929

Deutsche Sprachlehre von *W. Hofstaetter*. 9., neubearbeitete Auflage von *G. Spree*. 144 Seiten. 1953 . . . . Bd. 20

Stimmkunde fur Beruf, Kunst und Heilzwecke von *H. Biehle*. 111 Seiten. 1955 . . . . Bd. 60

Redetechnik von *H. Biehle*. Einführung in die Rhetorik. 115 Seiten. 1954 . . . . Bd. 61

Sprechen und Sprachpflege von *H. Feist*. (Die Kunst des Sprechens). 2., verbesserte Auflage. 99 Seiten mit 25 Abbildungen. 1952 . . . . Bd. 1122

Der Nibelunge Nôt in Auswahl mit kurzem Worterbuch von *K. Langosch*. 9., umgearbeitete Auflage. 164 Seiten. 1953 Bd. 1

Deutsches Dichten und Denken von der germanischen bis zur staufischen Zeit von *H. Naumann*. (Deutsche Literaturgeschichte vom 5.—13. Jahrhundert). 2., verbesserte Auflage. 166 Seiten. 1952 . . . . Bd. 1121

Deutsches Dichten und Denken vom Mittelalter zur Neuzeit von *G. Muller* (1270—1700). 2., durchgesehene Auflage. 159 Seiten. 1949 . . . . Bd. 1086

Die deutschen Personennamen von *M. Gottschald.* 2., verbesserte Auflage. 151 Seiten. 1955 . . . . Bd. 422
Althochdeutsches Elementarbuch von *H. Naumann †* und *W. Betz.* 2. Auflage. 156 Seiten. 1954. . . . . Bd. 1111
Mittelhochdeutsche Grammatik von *H. de Boor* und *R. Wisniewski.* 139 Seiten. 1956 . . . . Bd. 1108

Indogermanisch · Germanisch

Gotisches Elementarbuch von *H. Hempel.* Grammatik, Texte mit Übersetzung und Erläuterungen. 2., umgearbeitete Auflage. 165 Seiten. 1953 . . . . Bd. 79
Germanische Sprachwissenschaft von *H. Krahe.*
I: Einleitung und Lautlehre. 3. Auflage. In Vorbereitung Bd. 238
II: Formenlehre. 2. Auflage. 140 Seiten .1948 . . . . . . Bd. 780
Altnordisches Elementarbuch von *F. Ranke.* Schrifttum, Sprache, Texte mit Übersetzung und Wörterbuch. 2., durchgesehene Auflage. 146 Seiten. 1949 . . . . Bd. 1115

Englisch · Französisch · Italienisch

Altenglisches Elementarbuch von *M. Lehnert.* Einführung, Grammatik, Texte mit Übersetzung und Wörterbuch. 3., verbesserte Auflage. 178 Seiten. 1955 . . . . . . Bd. 1125
Historische neuenglische Laut- und Formenlehre von *E. Ekwall.* 3., durchgesehene Auflage. 150 Seiten. 1956 . . Bd. 735
Englische Literaturgeschichte.
I: Die alt- und mittelenglische Periode von *F. Schubel.* 163 Seiten. 1954 . . . . Bd. 1114
II: Von der Renaissance bis zur Aufklärung von *Paul Meissner †.* 139 Seiten. 1937 . . . . Bd. 1116
III: Romantik und Viktorianismus von *Paul Meissner †.* 150 Seiten. 1938 . . . . Bd. 1124
IV: Das 20. Jahrhundert von *Paul Meissner †.* 150 Seiten. 1939 . . . . Bd. 1136
Beowulf von *M. Lehnert.* Eine Auswahl mit Einführung, teilweiser Übersetzung, Anmerkungen und etymologischem Wörterbuch. 2., verbesserte Auflage. 135 Seiten. 1949 Bd. 1135
Shakespeare von *P. Meissner †.* 2. Auflage, neubearbeitet von *M. Lehnert.* 136 Seiten. 1954 . . . . Bd. 1142
Romanische Sprachwissenschaft von *H. Lausberg.*
I: Einleitung und Vokalismus. 160 Seiten. 1956 . . Bd. 128/128a
II: Konsonantismus. 95 Seiten. 1956 . . . . Bd. 250
Italienische Literaturgeschichte von *K. Vossler †.* Unveränderter Nachdruck der 1927 erschienenen 4., durchgesehenen und verbesserten Auflage. 148 Seiten. 1948 Bd. 125

Griechisch · Lateinisch

Griechische Sprachwissenschaft von *W. Brandenstein.*
I: Einleitung, Lautsystem, Etymologie. 160 Seiten. 1954 Bd. 117
II: In Vorbereitung . . . . Bd. 118
Geschichte der griechischen Sprache
I: Bis zum Ausgang der klassischen Zeit. Von *O. Hoffmann †.* 3., umgearbeitete Auflage von *A. Debrunner.* 156 Seiten. 1954 . . . . Bd. 111
II: Grundfragen und Grundzüge d. nachklass. Griechisch. Von *A. Debrunner.* 144 Seiten. 1954 . . . . Bd. 114

Geschichte der griechischen Literatur von *W. Nestle.* 2., verbesserte Auflage.
I: Von den Anfängen bis auf Alexander d. Gr. 148 Seiten. 1950 . . . . Bd. 70
II: Von Alexander d. Gr. bis zum Ausgang der Antike. 128 Seiten. 1948 . . . . Bd. 557

Geschichte der lateinischen Sprache von *F. Stolz †.* 3., stark umgearbeitete Auflage von *A. Debrunner.* 136 Seiten. 1953 . . . . Bd. 492

Hebräisch · Sanskrit · Russisch

Hebräische Grammatik von *G. Beer †.* 2., völlig neubearbeitete Auflage von *R. Meyer.*
I: Schrift-, Laut- und Formenlehre I. 157 Seiten. 1952. Bd. 763/763a
II: Schrift-, Laut- und Formenlehre II. 195 Seiten. 1955 . . . . Bd. 764/764a

Sanskrit-Grammatik von *M. Mayrhofer.* 89 Seiten. 1953 . . Bd. 1158

Russische Grammatik von *G. Berneker.* 6., unveranderte Auflage von *M. Vasmer.* 155 Seiten. 1947 . . . . Bd. 66

Erd- und Länderkunde

Afrika von *F. Jaeger.* Ein geographischer Überblick. 2., umgearbeitete Auflage.
I: Der Lebensraum. 179 Seiten mit 18 Abbildungen. 1954 Bd. 910
II: Mensch und Kultur. 155 Seiten mit 6 Abbildungen. 1954 Bd. 911

Iberoamerika von *O. Quelle.* In Vorbereitung . . . . Bd. 856

Australien und Ozeanien von *H. J. Krug.* 176 Seiten mit 46 Skizzen. 1953 . . . . Bd. 319

Kartenkunde von *M. Eckert-Greifendorff †.* 3., durchgesehene Auflage von *W. Kleffner.* 149 Seiten mit 63 Abb. 1950 Bd. 30

Volkswirtschaft · Publizistik

Allgemeine Betriebswirtschaftslehre von *K. Mellerowicz.* 9., unveränderte Auflage. 1956.
I: 142 Seiten . . . . Bd. 1008
II: 112 Seiten. Bd. 1153
III: 143 Seiten. Bd. 1154

Allgemeine Volkswirtschaftslehre von *A. Paulsen.*
I: Grundlegung, Wirtschaftskreislauf. 138 Seiten mit 11 Abbildungen. 1956. . . . . Bd. 1169
II: Haushalte, Unternehmungen, Marktformen. In Vorbereitung . . . . Bd. 1170
III: Produktionsfaktoren, Geldwesen. In Vorbereitung . . Bd. 1171
IV: Konjunktur, Außenhandel, staatliche Aktivität. In Vorbereitung . . . . Bd. 1172

Zeitungslehre von *E. Dovifat.* 3., neubearbeitete Auflage. 1955.
I: Theoretische und rechtliche Grundlagen, Nachricht und Meinung, Sprache und Form. 148 Seiten. 1955 . . . . Bd. 1039
II: Redaktion, Die Sparten, Verlag und Vertrieb, Wirtschaft und Technik, Sicherung der öffentlichen Aufgabe. 158 Seiten. 1955 . . . . Bd. 1040

Naturwissenschaften

Mathematik

Geschichte der Mathematik von *J. E. Hofmann.*
I: Von den Anfangen bis zum Auftreten von Fermat und Descartes. 200 Seiten. 1953 . . . . Bd. 226

Mathematische Formelsammlung von *F. Ringleb.* Vollständig umgearbeitete Neuausgabe des Werkes von *O. Th. Burklen.* 6., durchgesehene Aufl. 274 Seiten mit 57 Figuren. 1956. In Vorbereitung . . . . Bd. 51

Fünfstellige Logarithmen von *A. Adler.* Mit mehreren graphischen Rechentafeln und häufig vorkommenden Zahlwerten. 2. Auflage. Neudruck. 127 Seiten mit 1 Tafel. 1949 . . . . Bd. 423

Höhere Algebra von *H. Hasse.* 3., verbesserte Auflage.
I: Lineare Gleichungen. 152 Seiten. 1951 . . . . Bd. 931
II: Gleichungen höheren Grades. 158 Seiten mit 5 Figuren. 1951 . . . . Bd. 932

Aufgabensammlung zur höheren Algebra von *H. Hasse* und *W. Klobe.* 2., verbesserte und vermehrte Auflage. 181 Seiten. 1952 . . . . Bd. 1082

Elementare und klassische Algebra vom modernen Standpunkt von *W. Krull.* 2., erweiterte Auflage.
I: 136 Seiten. 1952 . . . . Bd. 930

Einführung in die Zahlentheorie von *A. Scholz †.* 2. Auflage, überarbeitet von *B. Schoeneberg.* 128 Seiten. 1955 . . . Bd. 1131

Elemente der Funktionentheorie von *K. Knopp.* 4. Auflage. 144 Seiten mit 23 Fig. 1955 . . . . Bd. 1109

Funktionentheorie von *K. Knopp.* 8. Auflage.
I: Grundlagen der allgemeinen Theorie der analytischen Funktionen. 139 Seiten mit 8 Fig. 1955 . . . . . . Bd. 668
II: Anwendungen und Weiterführung der allgemeinen Theorie. 130 Seiten mit 7 Fig. 1955 . . . . Bd. 703

Aufgabensammlung zur Funktionentheorie von *K. Knopp.* 4. Auflage.
I: Aufgaben zur elementaren Funktionentheorie. 135 Seiten. 1949 . . . . Bd. 877
II: Aufgaben zur höheren Funktionentheorie. 151 Seiten. 1949 . . . . Bd. 878

Repetitorium und Aufgabensammlung zur Differentialrechnung von *A. Witting †.* 2., neubearbeitete Auflage. Durchgesehener Neudruck. 145 Seiten. 1949 . . . . Bd. 146

Repetitorium und Aufgabensammlung zur Integralrechnung von *A. Witting †.* 2., neubearbeitete Auflage. Durchgesehener Neudruck. 121 Seiten mit 32 Figuren und 309 Beispielen. 1949 . . . . Bd. 147

Gewöhnliche Differentialgleichungen von *G. Hoheisel.* 4., neubearbeitete Auflage. 129 Seiten. 1951 . . . . Bd. 920

Partielle Differentialgleichungen von *G. Hoheisel.* 3., neubearbeitete Auflage. 130 Seiten. 1953 . . . . Bd. 1003

Aufgabensammlung zu den gewöhnlichen und partiellen Differentialgleichungen von *G. Hoheisel.* 2., umgearbeitete Auflage. 124 Seiten. 1952 . . . . Bd. 1059

Mengenlehre von *E. Kamke,* 3., neubearbeitete Auflage. 194 Seiten mit 6 Figuren. 1955 . . . . Bd. 999/999a

Darstellende Geometrie von *W. Haack.*

I: Die wichtigsten Darstellungsmethoden. Grund- und Aufriß ebenflächiger Körper. 110 Seiten mit 117 Abbildungen. 1954 . . . . Bd. 142

II: Körper mit krummen Begrenzungsflächen. Kotierte Projektionen. 129 Seiten mit 86 Abbildungen. 1954 . . Bd. 143

III: Axonometrie. Perspektive. Photogrammetrie. In Vorbereitung . . . . Bd. 144

Sammlung von Aufgaben und Beispielen zur analytischen Geometrie der Ebene von *R. Haussner †.* Mit den vollständigen Lösungen. 139 Seiten mit 22 Figuren im Text. Neudruck. 1949 . . . . Bd. 256

Nichteuklidische Geometrie von *R. Baldus †.* Hyperbolische Geometrie der Ebene. 3., verbesserte Auflage, durchgesehen und herausgegeben von *F. Löbell.* 140 Seiten mit 70 Figuren im Text. 1953 . . . . Bd. 970

Differentialgeometrie von *K. Strubecker* (früher Rothe).

I: Kurventheorie der Ebene und des Raumes. 150 Seiten mit 18 Figuren. 1955 . . . . Bd. 1113/1113a

Einführung in die konforme Abbildung von *L. Bieberbach.* 4. Auflage. 147 Seiten mit 42 Zeichnungen. 1949 . . . Bd. 768

Vektoranalysis von *S. Valentiner.* Neudruck der 7. Auflage (1950). 138 Seiten mit 19 Figuren. 1954 . . . . Bd. 354

Vermessungskunde von *P. Werkmeister.*

I: Stückmessung und Nivellieren. 9. Auflage. 165 Seiten mit 145 Figuren. 1949 . . . . Bd. 468

II: Messung von Horizontalwinkeln. Festlegung von Punkten im Koordinatensystem. Absteckungen. 7. Auflage. 151 Seiten mit 93 Figuren. 1949 . . . . Bd. 469

III: Trigonometrische und barometrische Höhenmessung. Tachymetrie und Topographie. 6. Auflage. 147 Seiten mit 64 Figuren. 1949 . . . . Bd. 862

Versicherungsmathematik von *F. Böhm.*

I: Elemente der Versicherungsrechnung. 3., vermehrte und verbesserte Auflage. Durchgesehener Neudruck. 151 Seiten. 1954 . . . . Bd. 180

II: Lebensversicherungsmathematik. Einführung in die technischen Grundlagen der Sozialversicherung. 2., verbesserte Auflage. 205 Seiten. 1953 . . . . Bd. 917/917a

Physik

Einführung in die theoretische Physik von *W. Döring.*

I: Mechanik. 119 Seiten mit 29 Abbildungen. 1954 . . Bd. 76

II: Das elektromagnetische Feld. 123 Seiten mit 15 Abbildungen. 1955 . . . . Bd. 77

III: Optik. 117 Seiten mit 32 Abbildungen. 1956 . . . . Bd. 78

IV: Thermodynamik. Mit 9 Abbildungen. In Vorbereitung Bd. 374

Atomphysik von *K. Bechert* u. *Ch. Gerthsen.* 3., umgearb. Aufl.

I: Allgemeine Grundlagen. I. Teil von *Ch. Gerthsen.* 123 Seiten mit 35 Abbildungen. 1955 . . . . Bd. 1009

II: Allgemeine Grundlagen. II. Teil von *Ch. Gerthsen.* 112 Seiten mit 48 Abbildungen. 1955 . . . . Bd. 1033

III: Theorie des Atombaus. 1. Teil von *K. Bechert.* 148 Seiten mit 16 Abbildungen. 1954 . . . . . Bd. 1123/1123a

IV: Theorie des Atombaus. 2. Teil von *K. Bechert.* 170 Seiten mit 14 Abbildungen. 1954 . . . . Bd. 1165/1165a

Differentialgleichungen der Physik von *F. Sauter*. 2. Auflage. 148 Seiten mit 16 Figuren. 1950 . . . . Bd. 1070

Physikalische Formelsammlung von *G. Mahler* und *K. Mahler*. 9., durchgesehene Auflage. 153 Seiten mit 69 Figuren. 1955 . . . . Bd. 136

Physikalische Aufgabensammlung von *G. Mahler* u. *K. Mahler*. Mit den Ergebnissen. 8., durchgesehene Auflage. 127 Seiten. 1955 . . . . Bd. 243

Chemie

Geschichte der Chemie von *G. Lockemann*. In kurzgefaßter Darstellung.

I: Vom Altertum bis zur Entdeckung des Sauerstoffs. 142 Seiten mit 8 Bildnissen. 1950 . . . . Bd. 264

II: Von der Entdeckung des Sauerstoffs bis zur Gegenwart. 151 Seiten mit 16 Bildnissen. 1955 . . . . Bd. 265/265a

Anorganische Chemie von *W. Klemm*. 8. Auflage. 184 Seiten mit 18 Abbildungen. 1954 . . . . Bd. 37

Organische Chemie von *W. Schlenk*. 6., erweiterte Auflage. 263 Seiten. 1954 . . . . Bd. 38/38a

Allgemeine und physikalische Chemie von *W. Schulze*. 4., neubearbeitete Auflage.

I: 139 Seiten mit 10 Figuren. 1955 . . . . Bd. 71

II: 177 Seiten mit 37 Figuren. 1956 . . . . Bd. 698/698a

III: 1956. In Vorbereitung . . . . Bd. 786

Analytische Chemie von *J. Hoppe*. 5., verbesserte Auflage.

I: Reaktionen. 135 Seiten. 1950 . . . . Bd. 247

II: Gang der qualitativen Analyse. 166 Seiten. 1950 . . Bd. 248

Maßanalyse von *G. Jander* und *K. J. Jahr*. Theorie und Praxis der klassischen und der elektrochemischen Titrierverfahren. 7. Auflage.

I: Grundlagen. Oxydations- und Reduktionsanalysen. In Vorbereitung . . . . Bd. 221

II: Neutralisations- und Fällungsanalysen. In Vorbereitung Bd. 1002

III: Komplexometrie. Konduktometrie. Potentiometrie. In Vorbereitung . . . . Bd. 1004

Thermochemie von *W. A. Roth*. 2., verbesserte Auflage. 109 Seiten mit 16 Figuren. 1952 . . . . Bd. 1057

Physikalisch-chemische Rechenaufgaben von *E. Asmus*. 2. Auflage. 96 Seiten. 1949 . . . . Bd. 445

Stöchiometrische Aufgabensammlung von *W. Bahrdt* und *R. Scheer*. Mit den Ergebnissen. 5., verbesserte Auflage. 120 Seiten. 1952 . . . . Bd. 452

Elektrochemie und ihre physikalisch-chemischen Grundlagen von *A. Dassler*.

I: 149 Seiten mit 21 Abbildungen. 1950. . . . . Bd. 252

II: 178 Seiten mit 17 Abbildungen. 1950. . . . . Bd. 253

Technologie

Warenkunde von *K. Hassak†* und *E. Beutel†*. 7. Auflage. Neubearbeitet von *A. Kutzelnigg*.

I: Anorganische Waren sowie Kohle und Erdöl. 116 Seiten mit 19 Figuren. 1947 . . . . Bd. 222

II: Organische Waren. 143 Seiten mit 32 Figuren. 1949 . Bd. 223

Die Fette und Öle von *K. Braun†*. 5., völlig neubearbeitete und verbesserte Auflage von *Th. Klug*. 145 Seiten. 1950 Bd. 335

Die Seifenfabrikation von *K. Braun†*. 3., neubearbeitete und verbesserte Auflage von *Th. Klug*. 116 Seiten mit 18 Abbildungen. 1953 . . . . Bd. 336

Textilindustrie.

I: Spinnerei und Zwirnerei von *A. Blümcke*. 112 Seiten mit 43 Abbildungen. 1954 . . . . Bd. 184

Biologie

Einführung in die allgemeine Biologie von *M. Hartmann*. In Vorbereitung . . . . Bd. 96

Hormone von *G. Koller*. 2., neubearbeitete und erweiterte Auflage. 187 Seiten mit 60 Abb. und 19 Tabellen. 1949 . Bd. 1141

Fortpflanzung im Tier- und Pflanzenreich von *J. Hammerling*. 2., ergänzte Auflage. 135 Seiten mit 101 Abb. 1951 . Bd. 1138

Geschlecht und Geschlechtsbestimmung im Tier- und Pflanzenreich von *M. Hartmann*. 2., verbesserte Auflage. 116 Seiten mit 61 Abbildungen und 7 Tabellen. 1951. . Bd. 1127

Grundriß der allgemeinen Mikrobiologie von *W. Schwartz*.

I: 104 Seiten mit 17 Abbildungen. 1949. . . . . Bd. 1155

II: 93 Seiten mit 12 Abbildungen. 1949. . . . . Bd. 1157

Symbiose der Tiere mit pflanzlichen Mikroorganismen von *P. Buchner*. 2., verbesserte und vermehrte Auflage. 130 Seiten mit 121 Abbildungen. 1949 . . . . Bd. 1128

Botanik

Entwicklungsgeschichte des Pflanzenreiches von *H. Heil*. 2. Auflage. 138 Seiten mit 94 Abbildungen und 1 Tabelle. 1950 Bd. 1137

Morphologie der Pflanzen von *L. Geitler*. 3. Auflage. 126 Seiten mit 114 Abbildungen. 1953 . . . . Bd. 141

Pflanzenzüchtung von *H. Kuckuck*. 3., völlig umgearbeitete Auflage.

I: Grundzuge der Pflanzenzüchtung. 132 Seiten mit 22 Abbildungen. 1952 . . . . Bd. 1134

Die Laubhölzer von *F. W. Neger†* und *E. Münch†*. Kurzgefaßte Beschreibung der in Mitteleuropa gedeihenden Laubbäume und Straucher. 3., durchgesehene Auflage, herausgegeben von *B. Huber*. 143 Seiten mit 63 Figuren und 7 Tabellen. 1950. . . . . Bd. 718

Die Nadelhölzer (Koniferen) und übrigen Gymnospermen von *F. W. Neger†* und *E. Münch†*. 4. Auflage. Durchgesehen und erganzt von *B. Huber*. 140 Seiten mit 75 Figuren, 4 Tabellen und 3 Karten. 1952 . . . . Bd. 355

Zoologie

Entwicklungsphysiologie der Tiere von *F. Seidel*.

I: Ei und Furchung. 126 Seiten mit 29 Abbildungen. 1953 . . . . Bd. 1162

II: Korpergrundgestalt und Organbildung. 159 Seiten mit 42 Abbildungen. 1953 . . . . Bd. 1163

Das Tierreich.

Fische von *D. Lüdemann*. 130 Seiten mit 65 Abbildungen. 1955 . . . . Bd. 356

Insekten von *H. von Lengerken*. 128 Seiten mit 58 Abbildungen. 1953 . . . . Bd. 594

Lurche von *K. Herter*. 140 Seiten mit 129 Abbild. 1955 Bd. 847
Spinnentiere von *A. Kaestner*. 96 S. mit 55 Abb. 1955 Bd. 1161
Würmer von *S. Jaeckel*. 112 Seiten mit 36 Abbild. 1955 Bd. 439
Weichtiere von *S. Jaeckel*. 92 Seiten mit 34 Abbildungen. 1954 . . . . Bd. 440
Stachelhäuter von *S. Jaeckel*. 100 Seiten mit 46 Abbildungen. 1955 . . . . Bd. 441
Schwämme und Hohltiere von *H. J. Hannemann*. 95 Seiten mit 80 Abbildungen. 1956 . . . . Bd. 442
Krebse von *H. E. Gruner* und *K. Deckert*. Mit 43 Abbildungen. 1956. In Vorbereitung . . . . Bd. 443
Protozoa von *E. Reichenow*. 1956. In Vorbereitung Bd. 444

Vergleichende Physiologie der Tiere von *K. Herter*. 3. Auflage der „Tierphysiologie".
I: Stoff- und Energiewechsel. 155 Seiten mit 64 Abbild. 1950 . . . . Bd. 972
II: Bewegung und Reizerscheinungen. 148 Seiten mit 110 Abbildungen. 1950 . . . . Bd. 973

Land- und Forstwirtschaft

Landwirtschaftliche Tierzucht von *H. Vogel*. Die Züchtung und Haltung der landwirtschaftlichen Nutztiere. 139 Seiten mit 11 Abbildungen. 1952 . . . . Bd. 228

Kulturtechnische Bodenverbesserungen von *O. Fauser*. 4., neubearbeitete Auflage.
I: Allgemeines, Entwässerung. 122 Seiten mit 47 Abbildungen. 1947 . . . . Bd. 691
II: Bewässerung, Ödlandkultur, Umlegung. 150 Seiten mit 67 Abbildungen. 1949 . . . . Bd. 692

Agrikulturchemie von *K. Scharrer*.
I: Pflanzenernährung. 143 Seiten. 1953 . . . . Bd. 329
II: Futtermittelkunde. 1956. In Vorbereitung . . . . . Bd. 330

Geologie · Mineralogie · Kristallographie

Kristallographie von *W. Bruhns†* und *P. Ramdohr*. 4. Auflage. 106 Seiten mit 163 Abbildungen. 1954 . . . . Bd. 210

Einführung in die Kristalloptik von *E. Buchwald*. 4., verbess. Auflage. 138 Seiten mit 121 Figuren. 1952 . . . . . Bd. 619

Lötrohrprobierkunde von *M. Henglein*. Mineraldiagnose mit Lötrohr- und Tupfelreaktion. 3., verbesserte Auflage. 91 Seiten mit 11 Figuren. 1949 . . . . Bd. 483

Mineral- und Erzlagerstättenkunde von *H. Huttenlocher †*.
I: 128 Seiten mit 34 Abbildungen. 1954. . . . . Bd. 1014
II: 156 Seiten mit 48 Abbildungen. 1954. . . . . Bd. 1015/1015a

Allgemeine Mineralogie von *R. Brauns †* und *K. F. Chudoba*. 9., erweiterte Auflage der „Mineralogie" von *Brauns-Chudoba*. 104 Seiten mit 107 Figuren, 1 Tafel, 2 Tabellen. 1955 . . . . Bd. 29

Spezielle Mineralogie von *R. Brauns †* und *K. F. Chudoba*. 9., erweiterte Auflage der „Mineralogie" von *Brauns-Chudoba*. 133 Seiten mit 105 Figuren. 1955 . . . . . . Bd. 31

Petrographie. Von *W. Bruhns†* und *P. Ramdohr*. 4., durchgesehene Auflage. 104 Seiten mit 10 Figuren. 1955 . . Bd. 173

Geologie von *F. Lotze*. 176 Seiten mit 80 Abbildungen. 1955 . . Bd. 13

Technik

Elektrotechnik

Grundlagen der Elektrotechnik von *O. Mohr*. 2 Bände. In Vorbereitung . . . . Bd. 196/197

Die Gleichstrommaschine von *K. Humburg*. Durchgesehener Neudruck.
I: 102 Seiten mit 59 Abbildungen. 1949. . . . . Bd. 257
II: 98 Seiten mit 38 Abbildungen. 1949 . . . . Bd. 881

Die synchrone Maschine von *K. Humburg*. Neudruck. 109 Seiten mit 78 Bildern. 1951 . . . . Bd. 1146

Induktionsmaschinen von *F. Unger*. 2., erweiterte Auflage. 142 Seiten mit 49 Abbildungen. 1954. . . . . Bd. 1140

Die komplexe Berechnung von Wechselstromschaltungen von *H. H. Meinke*. 160 Seiten mit 114 Abbildungen. 1949 . Bd. 1156

Theoretische Grundlagen zur Berechnung der Schaltgeräte von *F. Kesselring*. 3. Auflage. 144 Seiten mit 92 Abbildungen. 1950 . . . . Bd. 711

Einführung in die Technik selbsttätiger Regelungen von *W. zur Megede*. 1956. In Vorbereitung . . . . Bd. 714/714a

Elektromotorische Antriebe (Grundlagen fur die Berechnung) von *A. Schwaiger*. 3., neubearbeitete Auflage. 96 Seiten mit 34 Abbildungen. 1952 . . . . Bd. 827

Technische Tabellen und Formeln von *W. Müller*. 4., verbesserte und erweiterte Auflage von *E. Schulze*. 152 Seiten mit 105 Figuren. 1951 . . . . Bd. 579

Überspannungen und Überspannungsschutz von *G. Fruhauf*. Durchgesehener Neudruck. 122 Seiten mit 98 Abbildungen. 1950 . . . . Bd. 1132

Maschinenbau

Metallkunde. Einführendes über Aufbau, Eigenschaften und Untersuchung von Metallen und Legierungen sowie über Grundlagen des Schmelzens, des Gießens, des Verformens, der Wärmebehandlung, der Oberflächenbehandlung, der Verbinde- und Trennarbeiten von *H. Borchers*.
I: Aufbau der Metalle und Legierungen. 3. Auflage. 1956. In Vorbereitung . . . . Bd. 432
II: Eigenschaften. Grundzüge der Form- und Zustandsgebung. 2. Auflage. 154 Seiten mit 8 Tabellen und 100 Abbildungen. 1952 . . . . Bd. 433

Die Werkstoffe des Maschinenbaues von *A. Thum* und *C. M. Freiherr von Meysenbug*.
I: 1956. In Vorbereitung . . . . Bd. 476

Dynamik von *W. Müller*. 2., verbesserte Auflage.
I: Dynamik des Einzelkorpers. 128 Seiten mit 48 Figuren. 1952 . . . . Bd. 902
II: Systeme von starren Korpern. 102 Seiten mit 41 Figuren. 1952 . . . . Bd. 903

Technische Schwingungslehre von *L. Zipperer*. 2., neubearbeitete Auflage.

I: Allgemeine Schwingungsgleichungen, einfache Schwinger. 120 Seiten mit 101 Abbildungen. 1953 . . . . . Bd. 953
II: Torsionsschwingungen in Maschinenanlagen. 102 Seiten mit 59 Abbildungen. 1955 . . . . Bd. 961/961a

Transformatoren von *W. Schäfer.* 2. Auflage mit 74 Abbildungen. 1956. In Vorbereitung . . . . Bd. 952

Werkzeugmaschinen für Metallbearbeitung von *K. P. Matthes.*
I: 110 Seiten mit 27 Abbildungen, 11 Zahlentafeln im Text und 1 Tafelanhang. 1954 . . . . Bd. 561
II: Fertigungstechnische Grundlagen der neuzeitlichen Metallbearbeitung. 101 Seiten mit 30 Abbildungen und 5 Tafeln im Text. 1955 . . . . Bd. 562

Die Maschinenelemente von *E. A. vom Ende.* 3., verbesserte Auflage. Mit 175 Figuren und 9 Tafeln. 1956. In Vorbereitung . . . . Bd. 3

Das Maschinenzeichnen mit Einführung in das Konstruieren von *W. Tochtermann.* 4. Auflage.
I: Das Maschinenzeichnen. 156 Seiten mit 77 Tafeln. 1950 Bd. 589
II: Ausgefuhrte Konstruktionsbeispiele. 130 Seiten mit 58 Tafeln. 1950 . . . . Bd. 590

Getriebelehre von *P. Grodzinski.* 2., neubearbeitete Auflage.
I: Geometrische Grundlagen. 159 Seiten mit 142 Figuren. 1953 . . . . Bd. 1061

Gießereitechnik von *H. Jungbluth.*
I: Eisengießerei. 126 Seiten mit 44 Abbildungen. 1951 . . Bd. 1159

Die Dampfkessel und Feuerungen einschließlich Hilfseinrichtungen in Theorie, Konstruktion und Berechnung von *W. Marcard †.* 2. Auflage. Neubearbeitet von *K. Beck.*
I: Die theoretischen Grundlagen. Wärme, Verbrennung, Wärmeubertragung. 150 Seiten mit 42 Abbildungen und 16 Tabellen. 1951 . . . . Bd. 9
II: Dampfkessel. 147 Seiten mit 43 Abbildungen. 1952 . . Bd. 521

Dampfturbinen von *C. Zietmann.* 3., verbesserte Auflage.
I: Theorie der Dampfturbinen. 140 Seiten mit 48 Abbildungen. 1955 . . . . Bd. 274
II: Die Berechnung der Dampfturbinen und die Konstruktion der Einzelteile. 134 Seiten mit 111 Abbildungen. 1956 . . . . Bd. 715
III: Ihre Wirkungsweise, Berechnung und Konstruktion. Mit 90 Abbildungen. 1956. In Vorbereitung . . . . . Bd. 716

Industrielle Kraft- und Wärmewirtschaft von *F. A. F. Schmidt.* 1956. In Vorbereitung. . . . . Bd. 318/318a

Technische Thermodynamik von *W. Nusselt.*
I: Grundlagen. 4., verbesserte Auflage. 144 Seiten mit 71 Abbildungen. 1956. In Vorbereitung . . . . Bd. 1084
II: Theorie der Warmekraftmaschinen. Neudruck. 144 Seiten mit 87 Abbildungen und 32 Zahlentafeln. 1951 . . Bd. 1151

Autogenes Schweißen und Schneiden von *H. Niese.* 5. Auflage. Neubearbeitet von *A. Küchler.* 136 Seiten mit 71 Figuren. 1954 . . . . Bd. 499

Die elektrischen Schweißverfahren von *H. Niese.* 2. Auflage. Neubearbeitet von *H. Dienst.* 136 Seiten mit 58 Abbildungen. 1955 . . . . Bd. 1020

Hebezeuge von *G. Tafel.*
I: 2., verbesserte Auflage. 276 Seiten mit 230 Figuren. 1954 . . . . Bd. 414/414a

Wasserbau

Hoch- und Tiefbau

SAMMLUNG GÖSCHEN - BANDNUMMERNFOLGE

1 Langosch, Der Nibelunge Nôt
3 vom Ende, Maschinenelemente
9 Marcard-Beck, Dampfkessel I
13 Lotze, Geologie
20 Hofstaetter-Spree, Dt. Sprachlehre
29 Brauns-Chudoba, Allg. Mineralogie
30 Eckert-Greifendorff-Kleffner, Kartenkunde
31 Brauns-Chudoba, Spez. Mineralogie
35 Treue, Deutsche Geschichte
37 Klemm, Anorganische Chemie
38/38a Schlenk, Organ. Chemie
42 Behn, Vorgeschichte Europas
51 Bürklen-Ringleb, Mathematische Formelsammlung
60 Biehle, Stimmkunde
61 Biehle, Redetechnik
66 Berneker-Vasmer, Russische Grammatik
70 Nestle, Griech. Literaturgesch. I
71 Schulze, Allgem. und physikalische Chemie I
76 Döring, Einfuhrg. i. d. theoret. Physik I
77 Döring, Einfuhrg. i. d. theoret. Physik II
78 Döring, Einführg. i. d. theoret. Physik III
79 Hempel, Got. Elementarbuch
80 Weigert, Stilkunde I
96 Hartmann, Allg. Biologie
101 v. Wiese, Soziologie
103 Dahrendorf, Industrie- und Betriebssoziologie
104/104a Hofstätter, Sozialpsychol.
111 Hoffmann-Debrunner, Geschichte der griech. Sprache I
114 Debrunner, Geschichte der griech. Sprache II
117 Brandenstein, Griechische Sprachwissenschaft I
118 Brandenstein, Griechische Sprachwissenschaft II
119 Teichmann, Statik der Baukonstruktionen
125 Vossler, Italienische Literaturgeschichte
128/128a Lausberg, Roman. Sprachwiss. I
136 Mahler, Physikalische Formelsammlung
141 Geitler, Morphologie der Pflanzen
142 Haack, Darst. Geometrie I
143 Haack, Darst. Geometrie II
144 Haack, Darst. Geometrie III
145 Weimer, Geschichte der Padagogik
146 Witting, Repetitorium und Aufgabensammlung zur Differentialrechnung
147 Witting, Repetitorium und Aufgabensammlung zur Integralrechnung
156/156a Landmann, Philosoph. Anthropologie
170 Oehlmann, Musik des 19. Jahrhunderts
173 Bruhns-Ramdohr, Petrographie
180 Böhm, Versicherungsmathematik I
184 Blumcke, Spinnerei und Zwirnerei
196 Mohr, Grundlagen der Elektrotechnik I
197 Mohr, Grundlagen der Elektrotechnik II
200/200a Gottschald, Dt. Rechtschreibungswörterbuch
210 Bruhns-Ramdohr, Kristallographie
220/220a Moser, Allgemeine Musiklehre
221 Jander-Jahr, Maßanalyse I
222 Hassak-Beutel, Warenkunde I
223 Hassak-Beutel, Warenkunde II
226 Hofmann, Geschichte der Mathematik I
228 Vogel, Landw. Tierzucht
230 Krieger, Bad. Geschichte
238 Krahe, German. Sprachwiss. I
243 Mahler, Physikal. Aufgabensammlung
247 Hoppe, Analytische Chemie I
248 Hoppe, Analytische Chemie II
250 Lausberg, Roman. Sprachwiss. II
252 Dassler, Elektrochemie I
253 Dassler, Elektrochemie II
256 Haussner, Aufgabensammlung zur analytischen Geometrie der Ebene
257 Humburg, Die Gleichstrommaschine I

264 Lockemann, Geschichte der Chemie I
265/265a Lockemann, Geschichte der Chemie II
270 Kirn, Einführung in die Geschichtswissenschaft
274 Zietemann, Dampfturbinen I
279 Jacob, Quellenkunde der deutschen Geschichte I
280 Jacob, Quellenkunde der deutschen Geschichte II
281 Leisegang, Einfuhrung in die Philosophie
284 Jacob-Weden, Quellenkunde der deutschen Geschichte III
318/318a Schmidt, Industrielle Kraft- und Wärmewirtschaft
319 Krug, Australien und Ozeanien
329 Scharrer, Agrikulturchemie I
330 Scharrer, Agrikulturchemie II
335 Braun-Klug, Fette und Öle
336 Braun-Klug, Seifenfabrikation
342 Korting, Heizung und Luftung I
343 Korting, Heizung und Lüftung II
344 Moser, Musikästhetik
354 Valentiner, Vektoranalysis
355 Neger-Münch, Nadelholzer
356 Ludemann, Fische
374 Döring, Einfuhrung in die theoretische Physik IV
375 Preller, Geschichte Englands I
394/394a Schilling, Von der Renaissance bis Kant
414/414a Tafel, Hebezeuge I
422 Gottschald, Dt. Personennamen
423 Adler, Fünfstell. Logarithmen
432 Borchers, Metallkunde I
433 Borchers, Metallkunde II
439 Jaeckel, Würmer
440 Jaeckel, Weichtiere
441 Jaeckel, Stachelhäuter
442 Hannemann, Schwämme und Hohltiere
443 Gruner-Deckert, Krebse
444 Reichenow, Protozoa
445 Asmus, Physikal.-chemische Rechenaufgaben
452 Bahrdt-Scheer, Stochiometrische Aufgabensammlung
468 Werkmeister, Vermessungskunde I
469 Werkmeister, Vermessungskunde II
476 Thum-Meysenburg, Die Werkstoffe des Maschinenbaues I
483 Henglein, Lötrohrprobierkunde
492 Stolz-Debrunner, Geschichte der lateinischen Sprache
499 Niese, Autogen. Schweißen
500 Simmel, Hauptprobleme der Philosophie
521 Marcard-Beck, Dampfkessel und Feuerungen II
536 Lehmann, Kant
538 Rumpf, Archäologie I
539 Rumpf, Archäologie II
557 Nestle, Griechische Literaturgeschichte II
561 Matthes, Werkzeugmaschinen I
562 Matthes, Werkzeugmasch. II
564 Behn, Kultur der Urzeit I
565 Behn, Kultur der Urzeit II
566 Behn, Kultur der Urzeit III
571 Lehmann, Philosophie des 19. Jahrhunderts
576/576a Moser, Gesangskunst
579 Müller-Schulze, Techn. Tabellen
585 Dehnert, Verkehrswasserbau I
589 Tochtermann, Maschinenzeichnen I
590 Tochtermann, Maschinenzeichnen II
594 Lengerken, Insekten
597 Dehnert, Verkehrswasserbau II
619 Buchwald, Kristalloptik
665 Ludin, Wasserkraftanlagen I
666 Ludin, Wasserkraftanlagen II
668 Knopp, Funktionentheorie I
691 Fauser, Kulturtechn. Bodenverbesserungen I
692 Fauser, Kulturtechn. Bodenverbesserungen II
698/698a Schulze, Allgemeine und physikalische Chemie II
703 Knopp, Funktionentheorie II
709 Lehmann, Philosophie des 19. Jahrhunderts II
711 Kesselring, Berechnung der Schaltgeräte
714/714a zur Megede, Einführung in die Technik selbsttätiger Regelungen
715 Zietemann, Dampfturbinen II
716 Zietemann, Dampfturbinen III
718 Neger-Münch, Laubhölzer
735 Ekwall, Hist. neuengl. Laut- und Formenlehre
763/763a Beer-Meyer, Hebräische Grammatik I
764/764a Beer-Meyer, Hebräische Grammatik II

768 Bieberbach, Einführung in die konforme Abbildung
780 Krahe, Germ. Sprachwiss. II
781 Weigert, Stilkunde II
786 Schulze, Molekülbau
807 Kropp, Erkenntnistheorie I
809 Moser, Harmonielehre I
826 Koch, Philosophie des Mittelalters
827 Schwaiger, Elektromotorische Antriebe
845 Lehmann, Philosophie im ersten Drittel des 20. Jahrh.
847 Herter, Lurche
851 Moede, Psychologie des Berufs- und Wirtschaftslebens
856 Quelle, Iberoamerika
857 Capelle, Griech. Philosophie I
858 Capelle, Griech. Philosoph. II
859 Capelle, Griech. Philosoph. III
862 Werkmeister, Vermessungskunde III
863 Capelle, Griech. Philosoph. IV
877 Knopp, Aufgabensammlung zur Funktionentheorie I
878 Knopp, Aufgabensammlung zur Funktionentheorie II
881 Humburg, Gleichstrommaschine II
902 Müller, Dynamik I
903 Müller, Dynamik II
910 Jaeger, Afrika I
911 Jaeger, Afrika II
917/917a Böhm, Versicherungsmathematik II
920 Hoheisel, Gewöhnliche Differentialgleichungen
929 Schirmer, Dt. Wortkunde
930 Krull, Elementare und klassische Algebra I
931 Hasse, Höhere Algebra I
932 Hasse, Höhere Algebra II
952 Schafer, Transformatoren
953 Zipperer, Techn. Schwingungslehre I
961/961a Zipperer, Techn. Schwingungslehre II
965 Dehnert, Wehr- u. Stauanlagen
970 Baldus-Lobell, Nichteuklid. Geometrie
972 Herter, Tierphysiologie I
973 Herter, Tierphysiologie II
978 Kleinlogel, Baustoffverarbeitung und Baustellenprüfung des Betons
984 Graf, Die wichtigsten Baustoffe des Hoch- und Tiefbaus
999/999a Kamke, Mengenlehre
1000 Jaspers, Geistige Situation
1002 Jander-Jahr, Maßanalyse II
1003 Hoheisel, Partielle Differentialgleichungen
1004 Jander-Jahr, Maßanalyse III
1008 Mellerowicz, Allgemeine Betriebswirtschaftslehre I
1009 Bechert-Gerthsen, Atomphysik I
1014 Huttenlocher, Mineral- und Erzlagerstättenkunde I
1015/1015a Huttenlocher, Mineral- und Erzlagerstättenkunde II
1021 Niese-Dienst, Elektr. Schweißverfahren
1031 Apel, Philosophisches Wörterbuch
1033 Bechert-Gerthsen, Atomphysik II
1043 Kranefeldt, Therapeutische Psychologie
1039 Dovifat, Zeitungslehre I
1040 Dovifat, Zeitungslehre II
1044 Tölke, Talsperren
1045 Schubert, Technik des Klavierspiels
1051/1051a zu Stolberg-Wernigerode, Gesch. d. Verein. Staaten v. Amerika
1057 Roth, Thermochemie
1059 Hoheisel, Aufgabensammlg. z. d. gewöhnl. u. part. Differentialgleichungen
1061 Grodzinski, Getriebelehre I
1065 Haller, Von den Karolingern zu den Staufern
1070 Sauter, Differentialgleichungen der Physik
1078 Troche, Stahlbetonbau
1082 Hasse-Klobe, Aufgabensammlung zur Höheren Algebra
1084 Nusselt, Technische Thermodynamik I
1086 Müller, Dt. Dichten u. Denken
1088 Preller, Geschichte Engld. II
1092 Wickop, Fenster, Turen, Tore,
1094 Hernried, System. Modulation
1105 Hartung, Dt. Geschichte im Zeitalter der Reformation
1108 de Boor-Wisniewski, Mittelhochdeutsche Grammatik
1109 Knopp, Elemente der Funktionentheorie
1111 Naumann-Betz, Althochdeutsches Elementarbuch

1113/1113a Strubecker, Differentialgeometrie I
1114 Schubel, Englische Literaturgeschichte I
1115 Ranke, Altnord. Elementarbuch
1116 Meissner, Englische Literaturgeschichte II
1121 Naumann, Dt. Dichten und Denken
1122 Feist, Sprechen und Sprachpflege
1123/1123a Bechert-Gerthsen, Atomphysik III
1124 Meissner, Englische Literaturgeschichte III
1125 Lehnert, Altengl. Elementarbuch
1127 Hartmann, Geschlecht und Geschlechtsbestimmung im Tier- und Pflanzenreich
1128 Buchner, Symbiose der Tiere mit pflanzl. Mikroorganismen
1130 Dibelius, Jesus
1131 Scholz-Schoeneberg Einführung in die Zahlentheorie
1132 Frühauf, Überspannungen und Überspannungsschutz
1134 Kuckuck, Pflanzenzüchtung I
1135 Lehnert, Beowulf
1136 Meissner, Englische Literaturgeschichte IV
1137 Heil, Entwicklungsgeschichte des Tier- und Pflanzenreichs
1138 Hämmerling, Fortpflanzung im Tier- und Pflanzenreich
1140 Unger, Induktionsmaschinen
1141 Koller, Hormone
1142 Meissner-Lehnert, Shakespeare
1144 Gehler, Festigkeitslehre I
1145/1145a Herberg, Festigkeitslehre II
1146 Humburg, Synchrone Maschine
1147 v. Waltershausen, Kunst des Dirigierens
1148 Pepping, Der polyphone Satz I
1151 Nusselt, Technische Thermodynamik II
1152 Dehnert, Verkehrswasserbau III
1153 Mellerowicz, Allg. Betriebswirtschaftslehre II
1154 Mellerowicz, Allg. Betriebswirtschaftslehre III
1155 Schwartz, Mikrobiologie I
1156 Meinke, Kompl. Berechng. d. Wechselstromschaltungen
1157 Schwartz, Mikrobiologie II
1158 Mayrhofer, Sanskrit-Grammatik
1159 Jungbluth, Gießereitechnik I
1160 Dibelius-Kummel, Paulus
1161 Kaestner, Spinnentiere
1162 Seidel, Entwicklungsphysiologie der Tiere I
1163 Seidel, Entwicklungsphysiologie der Tiere II
1165/1165a Bechert-Gerthsen, Atomphysik IV
1169 Paulsen, Allgem. Volkswirtschaftslehre I
1170 Paulsen, Allgem. Volkswirtschaftslehre II
1171 Paulsen, Allgem. Volkswirtschaftslehre III
1172 Paulsen, Allgem. Volkswirtschaftslehre IV

AUTORENREGISTER

FSC
www.fsc.org
MIX
Papier | Fördert
gute Waldnutzung
FSC® C083411

Zeitfracht Medien GmbH
Ferdinand-Jühlke-Straße 7
99095 Erfurt, Deutschland
produktsicherheit@kolibri360.de